ゲームで学ぶ

探索
Search Algorithm

アルゴリズム
実践 入門

木探索とメタヒューリスティクス

青木栄太
AOKI Eita

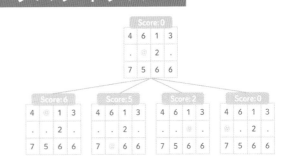

技術評論社

本書サポートページ

本書記載の情報の修正・訂正・補足については、下記Webページで行います。また、本書で解説しているサンプルコードのダウンロードも、下記ページから行うことができます。

https://gihyo.jp/book/2023/978-4-297-13360-3

はじめに

　皆さんは、ゲームAIと聞いて何を思い浮かべますか？　HEROZ社のPonanzaでしょうか？ はたまた、DeepMind社のAlphaGoでしょうか？　いずれも将棋と囲碁で当時の人間のトップ棋士を破り、大きな話題になりましたね。特に、独自の深層強化学習を利用したAlphaGoは、DeepMind、ひいてはGoogleのAI技術の高さを印象付けるきっかけとなったと同時に、昨今のAIブームを巻き起こした火付け役と言っても過言ではないでしょう。そんな理由からか、ゲームAIというと機械学習を用いるものと捉えている方も少なくないと思います。

　実は、ゲームAIの技術要素には大きく分けて「ルール」「探索」「機械学習」の3つがあり、機械学習だけでは遠い将来の状況を正確に読むことは難しく、特に探索がなければ真に強いAIは生まれません。本書は、この探索にフォーカスをあて、その重要性と魅力を楽しく学んでいただくための入門書です。

　本書では、以下のような方を対象読者としています。

- アルゴリズムに興味がある人
- ゲームAIの仕組みに興味がある人
- AIを機械学習以外の視点から見つめ直し、視野を広げたい人
- ゲームAIコンテストやヒューリスティックコンテストで競うための地力をつけたい人
- 対戦ゲームを開発してみたいが、CPU（コンピュータが操作するプレイヤー）の作り方がわからない人

　探索は機械学習と違って、特別高い性能を備えたPCを持っていなくても、AWSのようなクラウドコンピューティングサービスについての知識がなくても、誰でも気軽に簡単に楽しめます。

　実務においてゲームにAIを組み込む場合、大規模モデルを要する学習手法を使ってしまうと、高性能GPU・巨大なメモリ・ストレージを用意できず、運用上の観点から機械学習を使うことが難しい場合があるかもしれません。また、ゲームAIの技術を競うコンテストでは、使用できるメモリ量やファイルの容量に制限が課され、機械学習の利用が現実的ではないことも多いです。

　このように、実務で与えられた要件や、競技で課された制限によっては今でも探索技術が主要素となり得ます。機械学習が猛威を振るうこの時代にこそ、探索技術を覚え、一歩先を行くエンジニアになってみませんか？

　第1章では本書で習得した探索技術が活用できるコンテストについて軽く触れており、著者も楽しんでさまざまなコンテストに出場しています。少しでも多くの皆さんが本書で紹介した技術を使いこなし、著者とAIで勝負するライバルになってくれることを心待ちにしています。

2023年1月　青木 栄太

本書の構成

第1章　ゲームと探索の世界

　ゲームにはさまざまな場面でAIが活用されています。近年では機械学習の文脈でAIを見かけることも多いですが、ゲームAIを支える重要な技術要素として、探索というものがあります。この章では、ゲームの種類と探索アルゴリズムが活用できるシチュエーションについて紹介します。

第2章　開発環境の準備

　この章では、C++の開発環境を構築し、次章以降で解説するサンプルプログラムを動作させられるようにします。本書では、特に環境構築までの手順が多いWindows環境を想定した環境構築方法を紹介します。

第3章　文脈のある一人ゲームに使いたい探索アルゴリズム

　探索をする時、外部要因が多いほど考慮すべきことが増え、適した解を見つけるのが難しくなります。そのため、まずは対戦相手のいない一人ゲームで有効な探索アルゴリズムを紹介します。特にこの章では、プレイヤーの行動と共にゲーム状況が変化する一人ゲームを扱います。このような性質を、本書では「文脈がある」と呼びます。

第4章　文脈のない一人ゲームに使いたい探索アルゴリズム

　この章では、第3章とは対照的に「文脈のない」一人ゲームに適用できる探索アルゴリズムを紹介します。このようなゲームは、学術的には組合せ最適化問題として帰着できます。組合せ最適化問題を解く手法は多岐にわたりますが、本書では探索がテーマのため、「メタヒューリスティクス」と呼ばれる手法を説明します。

第5章　交互着手二人ゲームに使いたい探索アルゴリズム

　この章では、囲碁や将棋のように、交互に手番が回るゲームに適した探索アルゴリズムを紹介します。ゲームAIの文脈で探索と言えば、この種類のゲームに対する探索手法を指すことが多いです。伝統的な多くのゲームで適用できる探索アルゴリズムを習得し、ご自身の好きなゲームに適用してみましょう。

第6章　同時着手二人ゲームに使いたい探索アルゴリズム

　この章では、二人のプレイヤーが同時に着手するルールのゲームに適した探索アルゴリズムを紹介します。このようなルールでは、相手の行動を見てから行動を決められないため、相手が最適な行動をとると単純には仮定できません。こうした問題を解決するアルゴリズムを紹介します。

第7章 よりよい探索をするためのテクニック

第3章〜第6章では、各ゲームの種別に対応したアルゴリズムをできるだけ簡潔に紹介しています。探索アルゴリズムは、より多様な状態を探索することで精度を高められるため、この章では、よりよい探索のために使える汎用的なテクニックを紹介します。

第8章 実際のゲームへの応用

この章では、広く知られた伝統ゲームである「コネクトフォー」をプレイするAIを紹介します。シンプルな手法でAIを実装した後、AIを強化していく過程を説明します。本書で紹介していないゲームにも対応できる実践力を鍛えましょう。

サンプルコード

本書では、C++で実装したサンプルコードを用意しています。本書の理解に役に立つため、ぜひ以下からダウンロードして活用してみてください。

https://gihyo.jp/book/2023/978-4-297-13360-3

フォルダの構成は、以下のように頭文字の2桁の数字が本書の各章番号と対応しています。

- 03_OnePlayerGame：第3章で取り扱うサンプルコード
- 04_HeuristicGame：第4章で取り扱うサンプルコード
- 05_AlternateGame：第5章で取り扱うサンプルコード
- 06_SimultaneousGame：第6章で取り扱うサンプルコード
- 07_Advanced：第7章で取り扱うサンプルコード
- 08_Actual：第8章で取り扱うサンプルコード
- Appendix：第3章〜第6章の基本アルゴリズムをピックアップしたサンプルコード

なお、「Appendix」フォルダ内のサンプルコードについては、本文中では言及しません。

各章では具体的なゲームを用いてアルゴリズムを説明しますが、Appendixのサンプルコードでは、具体的なゲームを用意していません。読者の皆さんが実際にアルゴリズムを活用する際にコピー＆ペーストして実装を始められる、スターターキットのような役割を持ちます。本書を読了された後は、ぜひAppendixのサンプルコードを活用してさまざまなゲームに探索アルゴリズムを適用してみてください。

コマンド実行図に関して

コマンド実行図において、行頭の「>」はWindowsのコマンドプロンプト、「$」はWSLの Linux (Ubuntu) であることを表しています。

```
> wsl ⏎
$ cd sample_code/03_OnePlayerGame/ ⏎
$ g++ -O3 -std=c++17 -o 05_BeamSearchWithTime 05_BeamSearchWithTime.cpp ⏎
$ ./05_BeamSearchWithTime ⏎
Score:  679.61
```

本書に掲載した各コマンド実行図は、ダウンロードしたサンプルコードがUbuntuのカレントディレクトリ直下に展開されていることを前提とした記述になっています。サンプルコードを別のディレクトリに展開して利用している場合は、cdコマンドで当該ディレクトリに移動した上でソースコードをコンパイル・実行してください。

ソースコードに関して

ソースコードに付いている行番号は、誌面に掲載した範囲に対して1から番号を振っていますので、実際のファイルにおける行番号とは対応していません。ご注意ください。

```
01: void testAiScore(const int game_number)
02: {
03: // ~略~
04:     while (!state.isDone())
05:     {
06:         state.advance(
07:             beamSearchAction(state, /*beam幅*/ 2, /*ビームの深さ*/ END_TURN)
08:             );
09:     }
10: }
```

本文中で言及している箇所は、ソースコード中の行の色を変えています(上図の7行目)。

目　次
C O N T E N T S

第 1 章　ゲームと探索の世界　　　　　　　　　　　　　　　1

第 2 章　開発環境の準備　　　　　　　　　　　　　　　　11

第 8 章 　実際のゲームへの応用 　235

第 **1** 章

ゲームと探索の
世界

ゲームAIと聞くと、機械学習を想像する方も多いのではないでしょうか。本章では、ゲームAIのもう1つの大きな要素、「探索」について紹介します。

1.1

ゲーム AI と探索

1.1.1 ゲームにおける AI と探索

ゲームにおける AI の役割

　読者の皆さんは、ゲームをプレイしたことはあるでしょうか。PCやゲーム機で遊べるビデオゲームでは、さまざまな場面でゲームをより楽しませるしかけとして、AIが搭載されています。

　一人プレイのゲームでプレイヤーのサポートをするAI、ステージギミックや敵の出現を調整してゲームをより盛り上げるメタAI、対戦ゲームで人間の代わりに対戦相手になってくれる対戦AIなど、ゲームに導入されるAIの用途は多岐にわたります。

● ゲームにおける AI の役割

対戦相手として
ゲームをプレイするAI（COM、CPU）

プレイヤーをサポートするAI

ゲーム全体を統括し、
バランスを調整するAI（メタAI）

　この中でも特に、対戦AIについては**探索**と呼ばれる技術が多く使用されます。

　ゲームをプレイするAIとしてよく名前が挙がるのが、Google傘下の企業「DeepMind」が開発した「AlphaGo」です。2015年から2017年にかけて行われた、当時の最上位棋士達とAlphaGo

の対戦はとても衝撃的で、多くのメディアに取り上げられました。その頃は囲碁AIが人類を超えるのは当分先だと言われていましたし、当時まだ広くは知られていなかった「ディープラーニング」を使用したということで、「ディープラーニングというなんだかすごい技術により、ゲームAIは支えられている」と感じた方も多いのではないでしょうか。

　ディープラーニングは、もう少し広く言えば機械学習と呼ばれる分野の技術です。対戦ゲームAIはこの「機械学習」だけでなく、「ルールベース」「探索」を加えた3つの技術要素によって支えられています。このうちルールベースは、人手で考えたルールに従った条件分岐のことを指します。本書では、この3つの技術要素のうち、特に探索にフォーカスして説明します。

● 対戦ゲームAIを支える技術

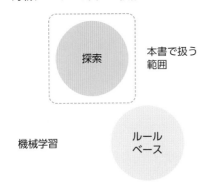

ゲーム木と探索

　本書では、組合せゲーム理論における**ゲーム木**の探索と、組合せ最適化における**メタヒューリスティクス**を含めて「探索」と呼ぶことにします。組合せゲーム理論においては、ゲームの流れを有向グラフで表し、盤面をノード、手をエッジとしたもののことをゲーム木と呼びます。

　いきなり専門用語がたくさん出てきてわかりにくいですね。○×ゲームを例に説明します。

　○×ゲームは二人のプレイヤーに交互に手番がまわるゲームです。3×3のマス目に○と×の駒を交互に置き、自分の駒が縦、横、斜めのいずれかに3つ揃ったほうが勝ちです。以下のような盤面から、×側のプレイヤーがどこに×を置くかを考えます（ここでは先攻を×としています）。

● ○×ゲーム、4ターン後の状態の例

　左上に×を置いてみましょう。これで斜めにリーチがかかります。

● ○×ゲーム、5ターン目の例

　手番がまわってきた○側のプレイヤーは、右下に○を置くことで、×側のプレイヤーの攻撃 (リーチ) を防ぐことに成功します。×側のプレイヤーにとっては、左上に×を置いたのは失敗と言えるでしょう。

● ○×ゲーム、6ターン目の例

　ここで、5ターン目の×側のプレイヤーの行動を変えたらどうなるか考えてみましょう。たとえば、右下に×を置いてみます。

● ○×ゲーム、5ターン目の別の例

　この場合、○側のプレイヤーが6ターン目で右上に○を置いたとしても、次のターンで左上に×を置けば×側のプレイヤーが勝利します。同様に、○側のプレイヤーが6ターン目で左上に○を置いたとしても、その後で×を右上に置けば×側のプレイヤーが勝利します。

● ○×ゲーム、6ターン目の別の例とその後の展開

 または

　このように、プレイヤーの行動を将来まで何パターンか予想することで、各プレイヤーは自身に有利な状況にゲームを誘導できます。

　将来の状況はプレイヤーの行動 (手) によって多数に枝分かれするので、将来の盤面を列挙し

てみることにします。点（ノード）の集合を線（エッジ）の集合でつないで構成するものを**グラフ**と呼び、エッジに方向があるものを**有向グラフ**と呼びます。

　そして先ほども説明したとおり、ゲームにおいてプレイヤーの手をエッジ、盤面をノードで示す有向グラフのことをゲーム木と呼びます。

● ○×ゲームのゲーム木

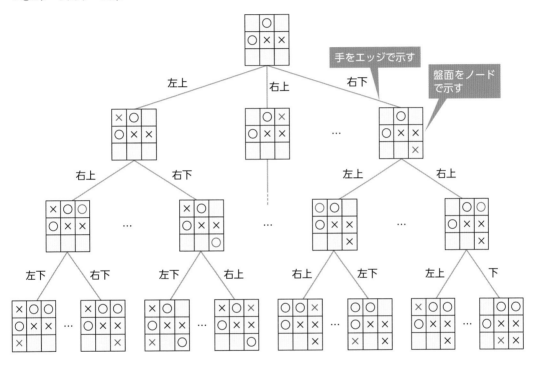

　ゲームの始めから終わりまでの全ての手を含むゲーム木を特に**完全ゲーム木**と呼び、これを解析できたプレイヤーは厳密に最適な手を打つことが可能となります。

　とはいえ、ゲーム木はゲームの複雑さに応じて指数関数的に大きくなること、実用上は一手あたりに膨大な時間をかけられないことから、ほとんどのゲームにおいて完全ゲーム木を解析しきることは現実的ではありません。

　そこで、ゲームの一部をゲーム木として表し、限られたリソースの中で優先順位をつけながら工夫してよい解を探します。このような手法の総称を**ゲーム木探索**と呼び、本書の大部分ではこのゲーム木探索の説明をします。一部のゲームではこのゲーム木の範疇で探索できない、もしくは難しい場合もあるため、こうしたケースで有効な探索手法も紹介します。

1.1.2　ゲームの種類と探索アルゴリズム

二人零和有限確定完全情報ゲームとは

　ゲームと探索について説明する文献でよく見かけるのが、**二人零和有限確定完全情報ゲーム**です。これは、名前を区切った「二人」「零和」「有限」「確定」「完全情報」の5つの特性を全て併せ持つゲームの総称です (**表1.1.1**)。

　二人零和有限確定完全情報ゲームにおいて完全ゲーム木を構築することで、後述するMiniMax法 (第4章参照) でゲームの完全解析が可能となります。

表1.1.1　二人零和有限確定完全情報ゲームの特性

特性	説明
二人	プレイヤー数が2である。
零和	プレイヤー間の利害が完全に対立し、一方のプレイヤーが得をすると、他方のプレイヤーは同量の損をする。
有限	ゲームが必ず有限の手番で終わる。
確定	ランダム要素が存在しない。
完全情報	全ての情報が両方のプレイヤーに公開されている。

　二人零和有限確定完全情報ゲームの例として、将棋や囲碁、リバーシ (オセロ) といった伝統的なボードゲームが挙げられます。先述した○×ゲームもこの種類のゲームに属します。

　ところが、将棋には千日手というルールがあり、このルールによって最初からやり直しになるケースが存在します。このため、将棋は厳密には有限ではないですし、零和ではないという意見もあります。囲碁についても、両者の合意がなければいつまでも終局できない状況が存在するため、有限ではありません。

　また、ビデオゲームなどでは初心者でも楽しめるようにランダム性を加えたり、情報をあえて隠した駆け引きによってエンターテインメント性を加えたりすることも多いです。

　先ほど挙げた5つの要素 (特性) のうち「零和」「有限」「確定」「完全情報」の要素を多く満たすほど、探索の観点では容易となり、性能を保証しやすくなります。しかし、厳密にこれらの要素を併せ持つゲームというのは、実はあまり多くありません。そこで本書では、実用性の観点からゲームを別視点で大別して説明を進めます。

本書におけるゲームの分類

　本書では、「文脈のある一人ゲーム」「文脈のない一人ゲーム」「交互着手二人ゲーム」「同時着手二人ゲーム」の4種にゲームを大別します。

　一人ゲームは、**プレイヤーの行動と共に状況が変化することを「文脈がある」と表現**し、その性質

の有無で区別します。二人ゲームは、**両者の手番が交互か同時かで区別をします**。4種のゲーム
が本書のどの章と対応するのか、各章で取り扱うアルゴリズムは何かについては、次の図をご覧
ください。人数、文脈、手番以外の細かい条件については、各章で詳しく説明します。

● ゲームの種別とオススメのアルゴリズム

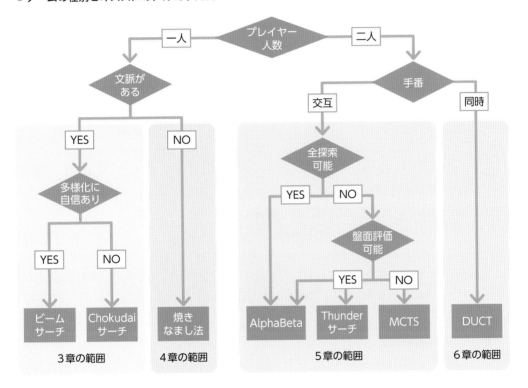

1.2

ゲームにおける探索の魅力

1.2.1 個人ゲーム開発にこそ探索!

「ゲームAIだとか探索だとか、聞き慣れないことを聞いたところで何の役に立つのかわからない!」という方もいらっしゃるかもしれません。もちろん、探索を学ぶことにはたくさんの魅力があるのでご安心ください。まず、わかりやすい例として、個人でゲームを開発する時にも探索は大活躍します!

たとえば、スマートフォン向けの対戦型ゲームを開発したいとします。対戦型ゲームはプレイヤーが一人では成り立たないため、他のプレイヤーが必要です。多くのスマートフォン向けゲームでは、サーバーを構築してオンライン対戦ができる仕組みを導入しています。しかし、サーバーを自分で用意するにしてもレンタルするにしても、長く運用するには継続的に費用がかかってしまいます。技術的に見ても、サーバーの構築方法やネットワーク、セキュリティといった多岐にわたる技術を学ぶ必要があり、個人の趣味の範疇としては少し重いかもしれません。

そこで、対戦相手をAIとすることで、オフラインで完結しながらも対戦の楽しさを保ったゲームを開発できるようになります。以下の画像は、筆者が開発した対戦型パズルゲーム[注1] です。

● 筆者の自作ゲーム画面

注1　Google Playにて公開中です。
https://play.google.com/store/apps/details?id=com.companyname.
connectthunder

　また探索手法は、探索範囲や探索回数などのパラメータによって手のよさを調節可能です。この調節を駆使すれば、徐々に相手が強くなるといった演出ができます。ゲームを遊ぶプレイヤーは、必ずしもゲームに慣れた人とは限りません。ゲームに不慣れなプレイヤーに対しては評価値を逆にしてわざと負ける「接待プレイ」をし、熟練のプレイヤーに対しては賢い手を選択するといったレベル調整も自由です。

● レベル調整

1.2.2 大規模商業ゲーム開発にも探索！

　趣味の範囲で、自作ゲームにオンライン対戦機能を実装するのは、技術的にも金銭的にもやや難しいです。その一方で、企業が開発するような大規模なゲームではオンライン対戦機能が実装されていることも多く、オンライン対戦の需要も増えつつあります。

　前項では、オフラインゲームにおける探索アルゴリズムの魅力を説明しましたが、オンライン対戦ゲームにおいても、探索アルゴリズムが重要な役割を担うことがあります。

　たとえば、人間の上位プレイヤーに挑戦する最強AIを用意して対戦環境をより白熱させる演出をしてもよいですし、マッチングがうまくいかなかったプレイヤーに対して人間の代わりに対戦するようにしてもよいでしょう。オンラインゲームであればサーバーに計算を任せられますが、最強AIを用意するならサーバーの力を限界まで引き出すために探索アルゴリズムは必要です。最強でなくてもある程度の強さで大量のプレイヤーの対戦相手を務めるAIなら、一人の相手をするために割り当てられる計算資源が減るため、やはり探索の効率化が必要です。

　また、対戦相手としてでなくても、探索した結果を元にプレイヤーにアドバイスするなど、工夫次第で用途は無限大です。

1.2.3 多様化するプログラミングコンテストの武器に！

　近年、アルゴリズムを駆使して問題を解き、その正確さとスピードを競うコンテストである AtCoderや、データ分析により予測モデルの性能を競うKaggleといったコンテストを中心として、プログラミングコンテストの動きが活発化しつつあります。

　こうしたコンテストと同様に、ゲームAIを開発して競うコンテストサイトとして「CodinGame」があります。CodinGameは2012年に設立されたフランスの企業が運営する、約300万人のユーザが登録するサイトです。言語は英語かフランス語にしか対応していませんが、日本人の参加者も多く、自分で開発したAIが対戦を繰り広げる様子を見ることができ、多くのユーザを熱狂させています。本書で扱うアルゴリズムは全てCodinGameでも使い道があり、すぐに実践投入できます。

● CodinGame の画面

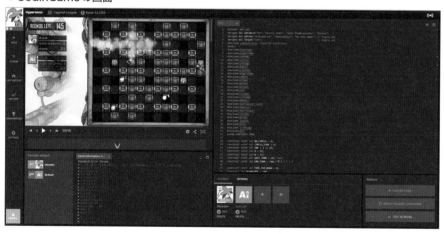

　先述したAtCoderでも、「ヒューリスティックコンテスト」と呼ばれるコンテストが開催されています。これは、厳密な最適解を求めることが困難な問題に対して、できるだけよい解を求めることを競うものです。本書は「ゲーム」に主題を置いていますが、この形式は本書で言うところの「一人ゲーム」に相当します。AtCoderの通常のコンテストと比べ、要求されるアルゴリズムの種類数は少なく、コンテストに馴染みのない方でもすぐに楽しめる点が特徴です。

　本書の第3章、第4章で扱うアルゴリズムを習得すれば、ヒューリスティックコンテストで戦う最低限の武器が揃うと言えます。特に、第3章で扱う「Chokudaiサーチ」は、AtCoder社の社長、高橋直大氏が発明したことでも有名です。

　AtCoderのコンテストに参加したことはあるが、ヒューリスティックコンテストにはまだ手がつけられていない。そんな方はこの機会にぜひ本書で学び、ヒューリスティックコンテストに挑戦してみてはいかがでしょうか。

第 2 章

開発環境の準備

本書のサンプルコードはC++で実装しています。本書で紹介するアルゴリズムは他言語でも実装可能ですが、サンプルコードを実行しながら理解できるよう、C++の開発環境を構築する手順を説明します。

2.1 Windows Subsystem for Linux [WSL] のインストール

　今回は**Windows 11を利用していることを前提**とした上で、C++をコンパイルできる環境の構築を目指します。他のOSをご利用の方への説明は割愛しますが、C++をコンパイルできる環境が整えば問題ありません。Macをご利用の方は、初期状態では本書で紹介するGCC版のg++ではなく、Clang版のg++が動作する点にご注意ください。

2.1.1 WSLの起動確認

　Windows 11、またはWindows 10のバージョン2004以降（ビルド19041以降）では、**Windows Subsystem for Linux(以降WSL)**が利用可能です。プログラミング環境はLinuxを使うと便利ですが、WSLを利用すればWindows上にLinux環境を構築できます。

　まず、スタートボタン（デスクトップ下部のWindowsのロゴ）をクリックするか、キーボードの ⊞ キーを押下します。

● スタートボタンの位置

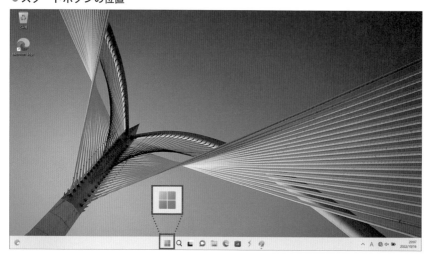

　表示された検索窓に「cmd」と入力し、 enter キーを押下します。

● コマンドプロンプトを検索

これでWindowsのコマンドプロンプトが起動できました。

● コマンドプロンプト画面

wslと入力して enter キーを押下します。以下のように利用方法が表示された場合、WSLがインストールされていません。

● WSLの起動を確認

13

2.1.2 CPUの仮想化機能の確認

　最新版のWSL（WSL2）を利用するには、CPUの仮想化機能が有効でなければなりません。CPUの仮想化が有効かどうかはタスクマネージャーで確認できます。

　コマンドプロンプト同様、スタートメニューの検索窓に "タスク" と入力し、表示された「タスクマネージャー」をクリックして起動します。

● タスクマネージャーの起動

　「仮想化」欄には、CPUの仮想化機能の状態が表示されます。ここには「有効」もしくは「無効」と表示されます。

● タスクマネージャーで仮想化機能の有無を確認

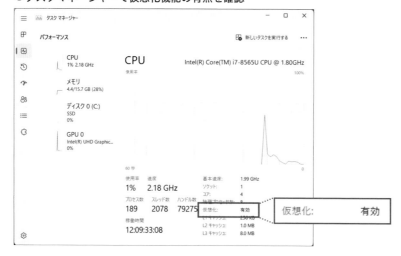

　CPUの仮想化が「無効」だった場合は、BIOSの設定が必要になります。CPUの仮想化が「有効」だった場合はBIOSの設定は不要なため、この解説を読み飛ばし、「2.1.4　ディストリビューションの導入」へと進んでください。

2.1.3 BIOS/UEFIで仮想化機能を有効化

　BIOSはOSとは別に設定が必要なため、お使いのPCのメーカーごとに設定手順を確認してください。ここでは、UEFIが利用できる場合の起動方法で説明します。
　まず、スタートメニューの検索窓に"起動"と入力して enter キーを押下し、表示された「PCの起動オプションを変更する」をクリックします。

● PC の起動オプションを変更

　「PCの起動をカスタマイズする」にある「今すぐ再起動」をクリックします。

● PC の再起動

　PCが再起動された後、「回復環境」画面が表示されます。ここで、「トラブルシューティング」→「詳細オプション」→「UEFIファームウェアの設定」→「再起動」の順にクリックすると、UEFIファームウェアが起動します。なお、本書ではASUS社のUEFI画面で解説しますが、この画面はメーカーによって異なります。

　まず、「Advanced」「詳細」といった項目を選択します（メーカーによって名称が異なります）。

● UEFI初期画面

　さらにもう一度「Advanced」を選択し、CPUの仮想化にあたる項目を「Enabled」または「有効」に設定します。Intel製CPUを搭載している場合は「Intel (VMX) Virtualization Technology」が当該項目です。

　これで、CPUの仮想化機能を有効にする設定は完了です。

● CPU仮想化の設定

2.1.4 ディストリビューションの導入

これでWSLをインストールする準備ができました。すでにCPUの仮想化が有効だった方はここから読み始めてください。

コマンドプロンプトを起動し、wsl --installと入力して enter キーを押下します。「要求された操作は正常に終了しました」と出力されたら、Windowsを再起動してください。

● WSLのインストール

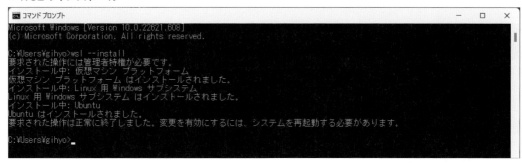

再起動後、コマンドプロンプトを起動し、wslと入力して enter キーを押下します。下図のように「ディストリビューションがない」というメッセージが表示された場合、ディストリビューションをダウンロードする必要があります。

● WSLのディストリビューションがない場合のメッセージ

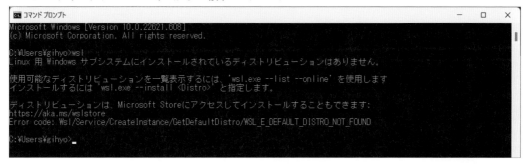

そこで、wsl --list --onlineと入力して enter キーを押下すると、インストール可能なディストリビューションの一覧が表示されます。今回はUbuntu-20.04を選択しましょう。

●WSLのディストリビューション一覧

　wsl --install -d Ubuntu-20.04と入力して enter キーを押下します。ここではディストリビューションに「Ubuntu-20.04」を指定しましたが、先ほど表示されたものならどれでも選択可能です。

●Ubuntu 20.04のインストール

　途中でユーザ名とパスワードの入力が求められるので、好きな名前とパスワードを入力します。この名前は、Windowsのユーザ名と同じでもよいですし、異なる名前でもかまいません。

●ユーザ名とパスワードの入力

インストールが正常に終了したら、Windowsのコマンドプロンプトで**wsl**と入力して enter キーを押下します。これでWSLが起動できました。

● WSLでUbuntuが起動した

2.1.5 パッケージの更新

WSLが起動した状態で、`sudo apt update`と入力して enter キーを押下します。このコマンドにより**パッケージの一覧**を更新できます。

パッケージとは、Linuxにおけるアプリケーションの配布単位のことです。なお、この時点ではインストール可能なパッケージを確認するだけで、実際にパッケージが更新されるわけではありません。

● インストール可能なパッケージの確認

```
gihyo@SpectreX360: /mnt/c/Users/gihyo                                    ─  □  ×
Microsoft Windows [Version 10.0.22621.608]
(c) Microsoft Corporation. All rights reserved.

C:\Users\gihyo>wsl
To run a command as administrator (user "root"), use "sudo <command>".
See "man sudo_root" for details.

gihyo@SpectreX360:/mnt/c/Users/gihyo$ sudo apt update
[sudo] password for gihyo:
Hit:1 http://archive.ubuntu.com/ubuntu focal InRelease
Get:2 http://security.ubuntu.com/ubuntu focal-security InRelease [114 kB]
Get:3 http://archive.ubuntu.com/ubuntu focal-updates InRelease [114 kB]
Get:4 http://archive.ubuntu.com/ubuntu focal-backports InRelease [108 kB]
Get:5 http://archive.ubuntu.com/ubuntu focal/universe amd64 Packages [8628 kB]
Get:6 http://security.ubuntu.com/ubuntu focal-security/main amd64 Packages [1785 kB]
Get:7 http://archive.ubuntu.com/ubuntu focal/universe Translation-en [5124 kB]
```

パッケージの更新は、`sudo apt upgrade -y`で行います。これにより、インストール済みのパッケージが最新版に更新されます。なお、-yは、途中の確認事項を読み飛ばすオプションです。不安な方はこのオプションを設定せず、手動で確認してもよいです。

Ubuntuの初期設定をする際は、まず`apt update`と`apt upgrade`をセットで利用するとよいでしょう。

● パッケージの更新

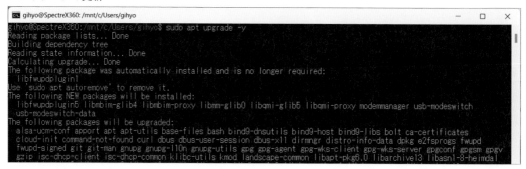

2.1.6 C++開発環境のインストール

　続いて、C++の開発環境をインストールしましょう。sudo apt install build-essential -yと入力して enter を押下すると、C++の開発に必要な環境一式をインストールできます。

● C++開発環境のインストール

　インストールが完了すれば、g++が利用可能となります。次章以降は、g++が利用できることを前提としてサンプルコードのコンパイルコマンドを紹介します。

第 3 章

文脈のある
一人ゲームに使いたい
探索アルゴリズム

いよいよ本書の本題、探索アルゴリズムの説明をしていきます。まずは文脈のある一人ゲームで使える探索アルゴリズムを紹介します。外部要因に左右されない一人ゲームで、アルゴリズムの効果を楽しく学んでいきましょう。

3.1

サンプルゲーム紹介
～数字集め迷路

3.1.1　数字集め迷路とは

　アルゴリズムを説明するにあたり、具体的にゲームを示して説明します。本書の説明ではわかりやすさを考慮し、説明用オリジナルゲームを作りました (**表3.1.1**)。

表3.1.1　数字集め迷路のルール

	説明
プレイヤーの目的	ゲーム終了時点のスコアを高くする。
プレイヤーの人数	一人
プレイヤーの着手タイミング	1ターンに1回
プレイヤーができること	各ターン、キャラクター(@)を上下左右の四方向いずれかの場所に1マス移動させる。立ち止まることや、盤面の外に移動させることはできない。
ゲームの終了条件	特定ターン経過する。
その他	キャラクターはランダムに初期配置される。キャラクターが移動した先にポイントがある場合、そのポイントの値をゲームスコアに加算し、床のポイントは消失する。

● 数字集め迷路の初期状態

Score:0			
4	6	1	3
.	@	2	.
7	5	6	6

　4ターン経過後にゲームが終了する設定で説明します。たとえば、上のような初期盤面から「右、上、下、右」の順に進むと、次ページの図「数字集め迷路の動作例1」のようにプレイヤーの最終スコアは3になります。このスコアを最大化させるのが目的です。

● 数字集め迷路の動作例1

　ここで、初期盤面から「上、右、右、下」の順に進んだ場合、プレイヤーの最終スコアは10になります。4ターン経過時点のキャラクターの座標は先述の手順と同じですが、最終スコアが異なっています。

● 数字集め迷路の動作例2

　このように、ゲームをどの手順で進行させたかによって結果が変わるゲームのことを**文脈のあるゲーム**と呼ぶことにします。本章ではこの文脈のあるゲーム、特にプレイヤーが自分一人のゲームで有効な探索アルゴリズムを紹介します。

3.1.2 数字集め迷路の実装

　表3.1.2のメソッドを持つクラスを作ります。

表3.1.2　数字集め迷路のメソッド

メソッド	説明
MazeState()	デフォルトコンストラクタ
MazeState(const int seed)	シードを指定して迷路を作成する。
bool isDone()	ゲームの終了判定をする。
void advance(const int action)	指定したactionでゲームを1ターン進める。
std::vector<int> legalActions()	現在の状況でプレイヤーが可能な行動を全て取得する。
std::string toString()	現在のゲーム状況を文字列にする。

座標を保持する構造体を作成する

　それでは実装の説明を進めます。まずはゲーム本体のクラスを作成する前に、座標を保持する

構造体を作っておきます。迷路のように2次元空間でキャラクターを操作するゲームでは、**コード3.1.1**のような構造体を作っておくと便利です。

コード3.1.1　座標を保持する構造体(00_MazeState.cpp)

```
01: struct Coord
02: {
03:     int y_;
04:     int x_;
05:     Coord(const int y = 0, const int x = 0) : y_(y), x_(x) {}
06: };
```

コンストラクタを実装する

数字集め迷路クラスのコンストラクタを実装します (**コード3.1.2**)。

1〜3行目では迷路の高さ、幅、ゲーム終了ターンを定数で定義します。実行時に変更する仕組みにする場合はメンバ変数としてコンストラクタの引数にするような実装にするべきですが、ゲームルールが固定という想定ならばconstexprを用いてコンパイル時定数にすると効率的です。

16〜31行目では迷路をシードに応じて生成します。数字集め迷路を構成する主な要素は「キャラクター、床にあるポイント」の2種類です。キャラクターが床にあるポイントと重なるとポイントが消えるルールのため、生成時点で座標が重ならないようにチェックをします。

コード3.1.2　数字集め迷路のコンストラクタ(00_MazeState.cpp)

```
01: constexpr const int H = 3;   // 迷路の高さ
02: constexpr const int W = 4;   // 迷路の幅
03: constexpr int END_TURN = 4; // ゲーム終了ターン
04: class MazeState
05: {
06: private:
07:     int points_[H][W] = {};  // 床のポイントを1~9で表現する
08:     int turn_ = 0;            // 現在のターン
09:
10: public:
11:     Coord character_ = Coord();
12:     int game_score_ = 0;      // ゲーム上で実際に得たスコア
13:     MazeState() {}
14:
15:     // h*wの迷路を生成する。
16:     MazeState(const int seed)
17:     {
18:         auto mt_for_construct = std::mt19937(seed); // 盤面構築用の乱数生成器を初期化
19:         this->character_.y_ = mt_for_construct() % H;
20:         this->character_.x_ = mt_for_construct() % W;
21:
22:         for (int y = 0; y < H; y++)
23:             for (int x = 0; x < W; x++)
```

次ページへ続く

```
24:        {
25:            if (y == character_.y_ && x == character_.x_)
26:            {
27:                continue;
28:            }
29:            this->points_[y][x] = mt_for_construct() % 10;
30:        }
31:    }
32: };
```

終了判定を実装する

　次に、ゲームの終了判定をするisDoneを実装します（**コード3.1.3**）。

　現在、数字集め迷路の実装説明をしていますが、このメソッドはどのゲームでも共通で必要となる要素のため、コード中に**[どのゲームでも実装する]**と記載しています。本書のサンプルコードでは、以降もゲームによらず共通で必要なメソッドの前に**[どのゲームでも実装する]**の記述をしています。

　このゲームは終了条件がターン数のみのため、isDoneの実装はシンプルにターン数の比較のみをすればよいです。今回のゲームは単純でしたが、障害物に触れるとゲームオーバーになるなど、途中で判定が必要なゲームの場合はこのisDoneの中で判定します。

コード3.1.3　数字集め迷路の終了判定（00_MazeState.cpp）

```
01: class MazeState
02: {
03: // ~略~
04: public:
05:     // [どのゲームでも実装する] : ゲームの終了判定
06:     bool isDone() const
07:     {
08:         return this->turn_ == END_TURN;
09:     }
10: };
```

ターン進行を実装する

　advance（**コード3.1.4**）では、指定したactionに応じて以下を行います。

- キャラクターをactionに応じて移動する
- キャラクターの移動先の床に配置されたポイントをゲームスコアに加算する
- 取得した床のポイントを0にする
- ターンを進める

　5～7行目では、dx, dyという定数を定義します。行動をint型で表した際、行動を添え字とし

てdx, dyを参照すると、その行動をとった際にキャラクターが移動する方向のx成分、y成分を取得できます。これで、13、14行目のように簡単にキャラクターの移動が実装できます。

● dx, dyの方向

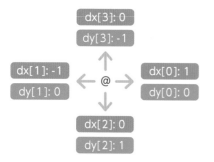

15行目ではauto &pointで床に配置された点数を参照しているので、19行目のpoint=0で更新した内容はthis->points_にも反映されます。参照が苦手な方は、19行目はthis->points_[this->character_.y_][this->character_.x_]=0と読み替えても大丈夫です。

コード3.1.4 数字集め迷路のターン進行(00_MazeState.cpp)

```cpp
01: class MazeState
02: {
03: // ～略～
04: private:
05:     // 右、左、下、上への移動方向のx成分とy成分
06:     static constexpr const int dx[4] = {1, -1, 0, 0};
07:     static constexpr const int dy[4] = {0, 0, 1, -1};
08:
09: public:
10:     // ［どのゲームでも実装する］：指定したactionでゲームを1ターン進める
11:     void advance(const int action)
12:     {
13:         this->character_.x_ += dx[action];
14:         this->character_.y_ += dy[action];
15:         auto &point = this->points_[this->character_.y_][this->character_.x_];
16:         if (point > 0)
17:         {
18:             this->game_score_ += point;
19:             point = 0;
20:         }
21:         this->turn_++;
22:     }
23: };
```

legalActions（**コード3.1.5**）では、右、左、上、下の4方向にキャラクターが移動できるかを判定し、**合法手**として追加します。合法手とは、あるゲームの状態においてプレイヤーがとることのできる行動のことです。数字集め迷路では立ち止まることが許されていませんが、もしゲームルールとして立ち止まることを許す場合、dx[4]=0、dy[4]=0を追加することになります。

●合法手の例　　　　　　　●非合法手の例

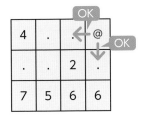

上図のように、このゲームでは盤外への移動はできません。12行目ではこの禁止行動に該当しないことをチェックしています。

コード3.1.5　**数字集め迷路の合法手取得（00_MazeState.cpp）**

```
01: class MazeState
02: {
03: // ~略~
04:     // ［どのゲームでも実装する］：現在の状況でプレイヤーが可能な行動を全て取得する
05:     std::vector<int> legalActions() const
06:     {
07:         std::vector<int> actions;
08:         for (int action = 0; action < 4; action++)
09:         {
10:             int ty = this->character_.y_ + dy[action];
11:             int tx = this->character_.x_ + dx[action];
12:             if (ty >= 0 && ty < H && tx >= 0 && tx < W)
13:             {
14:                 actions.emplace_back(action);
15:             }
16:         }
17:         return actions;
18:     }
19:
20: };
```

視覚的にゲームの進行を追えるよう、盤面の状況を文字列に変換できるようにしておきます（**コード3.1.6**）。出力する文字列は、1つの座標を**表3.1.3**に対応する1文字で表現します。

表3.1.3　表示する文字の意味

文字	意味
.	床
@	キャラクター
0〜9	床にあるポイント

コード3.1.6　数字集め迷路の出力(00_MazeState.cpp)

```
01: class MazeState
02: {
03: // ~略~
04: public:
05:     // ［実装しなくてもよいが実装すると便利］：現在のゲーム状況を文字列にする
06:     std::string toString() const
07:     {
08:         std::stringstream ss;
09:         ss << "turn:\t" << this->turn_ << "\n";
10:         ss << "score:\t" << this->game_score_ << "\n";
11:         for (int h = 0; h < H; h++)
12:         {
13:             for (int w = 0; w < W; w++)
14:             {
15:                 if (this->character_.y_ == h && this->character_.x_ == w)
16:                 {
17:                     ss << '@';
18:                 }
19:                 else if (this->points_[h][w] > 0)
20:                 {
21:                     ss << points_[h][w];
22:                 }
23:                 else
24:                 {
25:                     ss << '.';
26:                 }
27:             }
28:             ss << '\n';
29:         }
30:
31:         return ss.str();
32:     }
33: };
```

　ここまでで、ひとまず数字集め迷路の基本機能は揃いました。

迷路を解くAIを実装する

　続いて、数字集め迷路を解く簡単なAIを用意します。まずは、完全にランダムな移動をするAIを作成してみましょう(コード3.1.7)。

これはlegalActionsで合法手を洗い出し、その中からランダムに1つ行動を選択する関数を実装することで実現できます。1行目ではusingにより、MazeStateにStateというエイリアスを割り当てます。以降のコードはMazeStateのままでも実装できるのですが、各アルゴリズムを数字集め迷路以外にも適用して実装することを意識していただきたいため、あえてエイリアスを割り当てました。

コード3.1.7　ランダムに行動を選択するAI(00_MazeState.cpp)

```
01: using State = MazeState;
02: std::mt19937 mt_for_action(0); // 行動選択用の乱数生成器を初期化
03: // ランダムに行動を決定する
04: int randomAction(const State &state)
05: {
06:     auto legal_actions = state.legalActions();
07:     return legal_actions[mt_for_action() % (legal_actions.size())];
08: }
```

ゲーム進行をテストする

ゲームを解くAIの実装も終わったので、実際にプログラムを動かしてゲームの進行をテストしてみましょう。ゲームが終了するまで1手ずつゲームを進めるコードを実装します(**コード3.1.8**)。

コード3.1.8　ゲームの実行(00_MazeState.cpp)

```
01: // シードを指定してゲーム状況を表示しながらAIにプレイさせる。
02: void playGame(const int seed)
03: {
04:     using std::cout;
05:     using std::endl;
06:
07:     auto state = State(seed);
08:     cout << state.toString() << endl;
09:     while (!state.isDone())
10:     {
11:         state.advance(randomAction(state));
12:         cout << state.toString() << endl;
13:     }
14: }
15: int main()
16: {
17:     using std::cout;
18:     using std::endl;
19:     playGame(/*盤面初期化のシード*/ 121321);
20:     return 0;
21: }
```

それではプログラムを実行します(**コマンド3.1.1**)。wslでターミナルをWSLに切り替えます。これで、先ほど第2章で構築した環境で作業できるようになります。これはVisual Studio Code

の拡張機能を使うなど、他にもいくつか方法がありますが割愛します。

コマンド3.1.1　プログラムのコンパイルと実行

```
> wsl ⏎
$ cd sample_code/03_OnePlayerGame/ ⏎
$ g++ -O3 -std=c++17 -o 00_MazeState 00_MazeState.cpp ⏎
$ ./00_MazeState ⏎
```

　本章のサンプルコードはダウンロードコンテンツ（P.vを参照）のsample_code/03_OnePlayer
Game/フォルダに格納しているため、cdで作業場所を移動します。今回は00_MazeState.cppを
コンパイル、実行します。

　-O3は最適化オプションです。これを付けるとコンパイル時間が増える代わりに生成されるコー
ドが効率化されます。一般的には-O2までの最適化オプションを付けることが多いですが、本書
で扱う問題は速度が重要となる場合が多く、-O3オプションを付けることを前提とした実験をし
ています。

　-std=c++17は言語標準をC++17に設定します。本書のサンプルコードのように、クラスに
static constexpr修飾子を付けた配列メンバを宣言のみで利用する際は、C++17以上である必要
があります。

　実行結果は**図3.1.1**のようになります。

図3.1.1　ランダム行動のプレイ結果

```
turn:    0
score:   0
4613
.@2.
7566

turn:    1
score:   2
4613
..@.
7566

turn:    2
score:   3
46@3
....
7566

turn:    3
score:   3
46.3
..@.
7566
```

次ページへ続く

```
turn:   4
score:  3
46.3
...@
7566
```

出力を図にすると以下のようになります。

● ランダム行動のプレイ結果

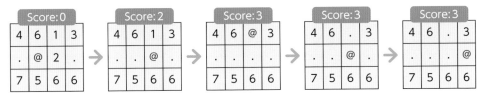

まず、初期状態が表示されます。

1ターン目は右方向の移動が選択され、床にあったポイント"2"を取得し、ゲームスコアが2に変わります。

2ターン目は上方向の移動が選択され、床にあったポイント"1"を取得し、ゲームスコアが3に変わります。

3ターン目は下方向の移動が選択されます。この時、移動先の床には取得できるポイントがないため、ゲームスコアは3のままです。

4ターン目は右方向の移動が選択されます。やはりゲームスコアは3のままです。

4ターン経過したため、ゲーム終了です。ゲーム終了時のスコアは3ということになります。設定したルールの通りゲームが動いているため、ゲームの実装は問題なさそうです。

00_MazeState.cppでは

- std::mt19937 mt_for_action(0); // 行動選択用の乱数生成器を初期化
- playGame(/*盤面初期化のシード*/ 121321);

という呼び出しをしていますが、このシードを変更することでランダム行動や生成される盤面を変更できます。盤面初期化のシードは本書の説明の都合で121321を指定していますが、シードを変えてコンパイルと実行を繰り返すことで、ゲームの動作イメージをつかんでみるのもよいです。

さて、テストのためにランダムに行動を選択するようにしましたが、この最終スコア3というのはあまり高くありません。次節以降では、このスコアをより高くするために行動選択を賢くするアルゴリズムを説明します。

3.2

貪欲法 [Greedy]

3.2.1 貪欲法の特徴と動作
〜全ての探索アルゴリズムの基礎! これさえあれば戦える!〜

　貪欲法は、1ターン後にあり得る盤面全ての中で最も評価が高い盤面に進める行動を選択する手法です。実装が簡単かつ評価方法が上手ければ一定以上の効果が期待できる手法のため、あらゆるゲームにおいて最初に試すべき手法です。

　まずはこのような盤面を考えます。

● 数字集め迷路の初期状態

Score: 0			
4	6	1	3
.	@	2	.
7	5	6	6

　この盤面から1ターン後にあり得る盤面を列挙します(次ページの図「貪欲法の選択:1ターン目」)。

　右移動では床のポイント"2"を取得してスコアは2になります。左移動では床にポイントがないため、スコアは0のままです。下移動では床のポイント"5"を取得してスコアは5になります。上移動では床のポイント"6"を取得してスコアは6になります。

　スコア2, 0, 5, 6の中ではスコア6が最も高いため、スコア6の盤面に進むことができる行動「上移動」を選択します。貪欲法で行うのはこれだけです。

● 貪欲法の選択：1ターン目

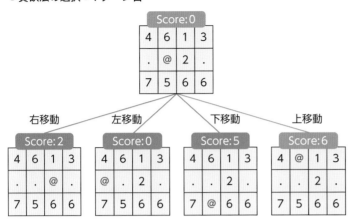

それではゲーム終了まで同様の手順を進めてみましょう。

　2ターン目で右移動では、床のポイント"1"を取得してスコアは7になります。左移動では床の
ポイント"4"を取得してスコアは10になります。下移動では床にポイントがないため、スコアは
6のままです。

　スコア7, 10, 6の中ではスコア10が最も高いため、2ターン目はスコア10の盤面に進むこと
ができる行動「左移動」を選択します。

● 貪欲法の選択：2ターン目

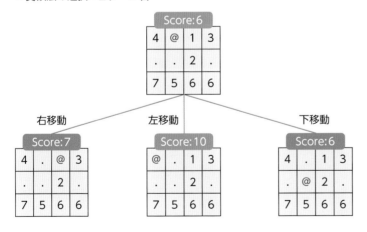

　3ターン目では右移動でも下移動でも床にポイントがないため、スコアは10のままです(次ペー
ジの図「貪欲法の選択：3ターン目」)。スコアが最大になる行動が複数ある場合、実装方法によ
りますが、今回は先に探索した「右移動」を選択することにします。

● 貪欲法の選択：3ターン目

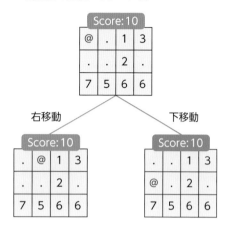

最後の行動選択です。

右移動では床のポイント"1"を取得してスコアは11になります。左移動では床にポイントがないため、スコアは10のままです。下移動でも床にポイントがないため、スコアは10のままです。

スコア11, 10, 10の中ではスコア11が最も高いため、スコア11の盤面に進むことができる行動「右移動」を選択します。

これで、初手から数えると「上移動」→「左移動」→「右移動」→「右移動」で最終スコアが11となり、ゲーム終了です。前節でランダム行動をした場合は同じ盤面から最終スコア3だったことを考えると、スコアが大きく伸びたことがわかります。

● 貪欲法の選択：4ターン目

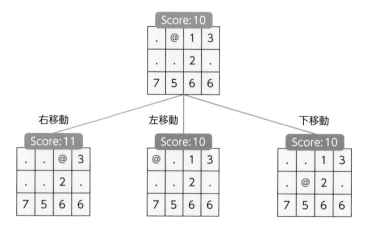

3.2.2 貪欲法の実装

盤面評価を実装する

探索アルゴリズムでは、ゲーム盤面を評価して比較する必要があります。ゲームや方針によって小数で評価するか整数で評価するかが変わってくるため、本書のサンプルコードでは評価値の型にScoreTypeというエイリアスを割り当てて説明をします。

数字集め迷路では常にゲームスコアが明確に定められているため、ゲームスコアをそのまま評価値としてもそれなりの結果を得られます。数字集め迷路ではゲームスコアが小数になることもないので、ScoreTypeはint64_tにしておきます。

評価値を計算してメンバ変数に保存する関数evaluateScoreを追加します（**コード3.2.1**）。

コード3.2.1　盤面評価の実装(01_Greedy.cpp)

```
01: // ゲームの評価スコアの型を決めておく。
02: using ScoreType = int64_t;
03: // あり得ないぐらい大きなスコアの例を用意しておく
04: constexpr const ScoreType INF = 1000000000LL;
05:
06: class MazeState
07: {
08: public:
09:     ScoreType evaluated_score_ = 0; // 探索上で評価したスコア
10:     // ［どのゲームでも実装する］: 探索用の盤面評価をする
11:     void evaluateScore()
12:     {
13:         // 簡単のため、まずはゲームスコアをそのまま盤面の評価とする
14:         this->evaluated_score_ = this->game_score_;
15:     }
16: };
```

貪欲法を実装する

貪欲法の実装をします（**コード3.2.2**）。

合法手を順番に試し、探索した時点の最高評価best_scoreよりも高いスコアになった時点でbest_scoreと対応する行動best_actionを更新します。best_scoreをあり得ないほど小さな値で初期化しておけば、必ずどこかで更新がかかります。開発中は、18行目にコメントしているように、assert(best_action!=-1);として想定外の動作をしないようチェックしてもよいです。

ゲームによっては合法手がなくなる状況が存在するゲームもありますが、その場合はStateクラス側で、isDone()で合法手がない場合は終了するように判定すればよいです。greedyAction関数内では合法手がある前提で実装を進めます。

コード 3.2.2　貪欲法の実装例(01_Greedy.cpp)

```
01: // 貪欲法で行動を決定する
02: int greedyAction(const State &state)
03: {
04:     auto legal_actions = state.legalActions();
05:     ScoreType best_score = -INF; // 絶対にありえない小さな値でベストスコアを初期化する
06:     int best_action = -1;         // ありえない行動で初期化する
07:     for (const auto action : legal_actions)
08:     {
09:         State now_state = state;
10:         now_state.advance(action);
11:         now_state.evaluateScore();
12:         if (now_state.evaluated_score_ > best_score)
13:         {
14:             best_score = now_state.evaluated_score_;
15:             best_action = action;
16:         }
17:     }
18:     // 不安ならここにassert(best_action!=-1); としてチェックしてもよい。
19:     return best_action;
20: }
```

　前節と同様、貪欲法でのプレイ状況を確認します。前節でrandomActionを呼び出していた部分を、そのままgreedyActionに差し替えればよいです (**コード3.2.3**)。

コード 3.2.3　貪欲法の実装例(01_Greedy.cpp)

```
01: // シードを指定してゲーム状況を表示しながらAIにプレイさせる。
02: void playGame(const int seed)
03: {
04: // ~略~
05:     while (!state.isDone())
06:     {
07:         state.advance(greedyAction(state));
08:         cout << state.toString() << endl;
09:     }
10: }
```

　それでは実行してみましょう (**コマンド3.2.1**)。

コマンド 3.2.1　貪欲法の実行

```
> wsl ⏎
$ cd sample_code/03_OnePlayerGame/ ⏎
$ g++ -O3 -std=c++17 -o 01_Greedy 01_Greedy.cpp ⏎
$ ./01_Greedy ⏎
```

　実行結果を図で示すと以下のようになります。先ほどの説明の通り、「上、左、右、右」の順に

行動を選択し、最終スコア11を得られました。

● 貪欲法のプレイ結果

ランダム行動と貪欲法を比較する

　さて、上記はシード121321でStateを初期化してゲームプレイした場合の結果を記載しています。ランダム行動では最終スコア3、貪欲法では最終スコア11ということで貪欲法のほうが性能がよさそうに見えますが、偶然貪欲法にとって都合のよい盤面が生成されていただけかもしれません。

　そこで、Stateの初期化シードをいくつか変えて平均スコアを求めてみることにします。複数回の平均スコアが高いほうがよりよいアルゴリズムと言えます。

　スコア計算のコードは、先述のplayGameのようにisDoneがfalseの間だけ盤面を進めるのを1ゲーム単位として、指定した回数だけforループを回せばよいです。ループの中で毎ゲームのスコアを記録しておき、ゲーム回数で割れば全ゲームの平均スコアが計算できます。

　まずはrandomActionで実装します（**コード3.2.4**）。

コード3.2.4　ランダム行動の平均スコアを求める(02_TestRandomScore.cpp)

```
01: // ゲームをgame_number回プレイして平均スコアを表示する
02: void testAiScore(const int game_number)
03: {
04:     using std::cout;
05:     using std::endl;
06:     std::mt19937 mt_for_construct(0);
07:     double score_mean = 0;
08:     for (int i = 0; i < game_number; i++)
09:     {
10:         auto state = State(mt_for_construct());
11:
12:         while (!state.isDone())
13:         {
14:             state.advance(randomAction(state));
15:         }
16:         auto score = state.game_score_;
17:         score_mean += score;
18:     }
19:     score_mean /= (double)game_number;
20:     cout << "Score:\t" << score_mean << endl;
21: }
22:
```

次ページへ続く

```
23: int main()
24: {
25:     testAiScore(/*ゲームを繰り返す回数*/ 100);
26:     return 0;
27: }
```

　ランダム行動で100ゲームプレイし、平均スコア12.47という結果が得られました (**コマンド 3.2.2**)。

コマンド 3.2.2　ランダム行動の100回平均スコア

```
> wsl ↵
$ cd sample_code/03_OnePlayerGame/ ↵
$ g++ -O3 -std=c++17 -o 02_TestRandomScore 02_TestRandomScore.cpp ↵
$ ./02_TestRandomScore ↵
Score:  12.47
```

　randomActionを使用していた部分をgreedyActionに書き換えます (**コード 3.2.5**)。

コード 3.2.5　貪欲法の平均スコアを求める(03_TestGreedyScore.cpp)

```
01: // ゲームをgame_number回プレイして平均スコアを表示する
02: void testAiScore(const int game_number)
03: {
04: // ～略～
05:         while (!state.isDone())
06:         {
07:             state.advance(greedyAction(state));
08:         }
09: }
```

　貪欲法では平均スコア24.11になりました (**コマンド 3.2.3**)。ランダム行動の平均スコア12.47を超えているので、改善できたと言えそうです。

コマンド 3.2.3　貪欲法の100回平均スコア

```
> wsl ↵
$ cd sample_code/03_OnePlayerGame/ ↵
$ g++ -O3 -std=c++17 -o 03_TestGreedyScore 03_TestGreedyScore.cpp ↵
$ ./03_TestGreedyScore ↵
Score:  24.11
```

3.3

ビームサーチ

3.3.1 ビームサーチの特徴と動作
～探索空間を見極めろ! コンテスト上級者も愛用する探索!

　先述の初期盤面について見てみると、下のほうに7, 6, 5といった高いポイントが固まっているのがわかります。貪欲法では1ターンで行ける範囲しか行動選択の判断に使わないため、評価を工夫しない限りこのような高得点帯に気付けません。

　できれば、2ターン先、3ターン先まで考慮して行動選択することで、将来的に貪欲法より高いスコアを目指したいです。しかし、1ターンあたりの合法手の数がNのゲームをMターン後まで考慮すると、N^M通りの盤面をシミュレーションする必要があります。数字集め迷路を4ターン見るだけなら最大でも$4^4 = 256$通りなのでなんとかなりそうですが、合法手やゲームの有効ターン数によっては全ての盤面をシミュレーションしきるのは現実的ではありません。

　そこで、範囲を絞って現実的な計算量で探索をしようというのが**ビームサーチ**です。

● 数字集め迷路の点数の偏り

盤面の下側に高い得点が固まっているが、1ターン先の範囲だけを見て判断している限り、下側に進むほうが得だとは気付けない

　まずはこの盤面から1ターン後にあり得る盤面を全て列挙します。ここまでは貪欲法と同じです。

● 幅2ビームサーチ、1ターン目の盤面計算

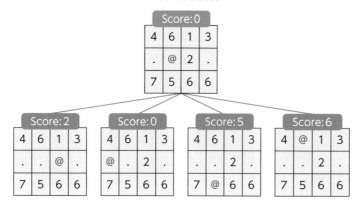

　次に、今列挙した盤面をスコア順にソートします。

　通常のビームサーチでは、探索する**深さ**と**幅**を指定して探索を進めます。深さはゲーム木の高さ方向の大きさ、ここでは何ターン後まで探索するかを表します。今回、深さをゲームの終了ターンと同じ4と設定します。幅はゲーム木の横方向の大きさ、ここでは同一ターンの盤面を何個残すかを表します。今回、幅を狭めに2として説明します。

　まず、指定した幅と同じ数、つまり2個だけスコアが高い順に盤面を選択します。

● 幅2ビームサーチ、1ターン目の盤面ソートと選択

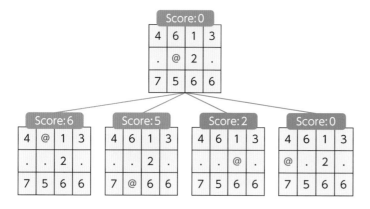

　後は同じ手順の繰り返しです。選択された盤面からあり得る盤面を全て列挙します。

● 幅2ビームサーチ、2ターン目の盤面計算

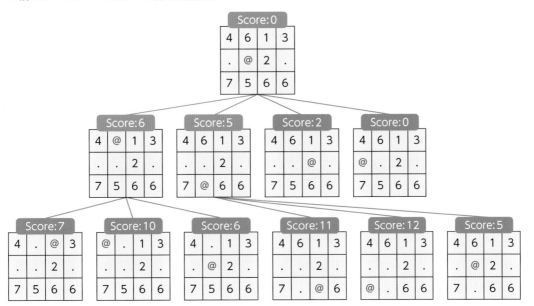

　列挙した盤面をスコア順にソートして、スコアが高い順に2つの盤面を選択します。

● 幅2ビームサーチ、2ターン目の盤面ソートと選択

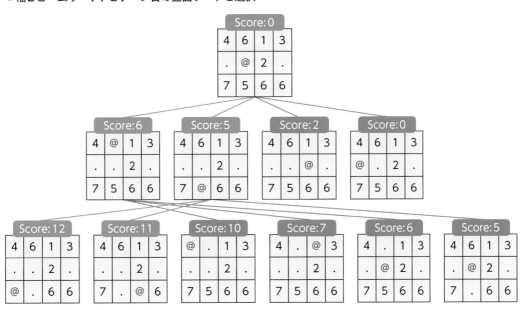

選択された盤面からあり得る盤面を全て列挙します。

● 幅2ビームサーチ、3ターン目の盤面計算

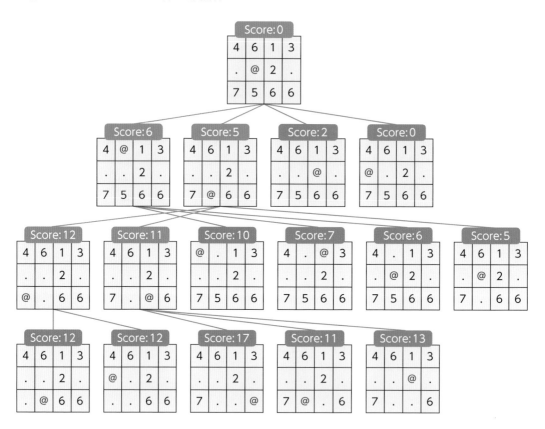

POINT
　　1ターン目、2ターン目でも同じように盤面を列挙してきました。1ターン目では4個の盤面、2ター
ン目では6個の盤面を列挙しており、列挙された盤面が増えました。
　　一方で、3ターン目で列挙された盤面は5個だけで、2ターン目から増えていません。列挙される
盤面の数は、最大で選択された親ノードの数×1盤面あたりの最大合法手数となります。
　　このゲームでは1盤面あたりの最大合法手数が4のため、最大で選択された親ノードの数×4個
の盤面が列挙されることとなります。
　　探索が進むと選択された親ノードの数がビーム幅で固定されるため、ビーム幅2でこのゲームに
適用すると、列挙される盤面は必ず2×4＝8個以内に収まります。今回、1ターン目の盤面選択が
終わった時点でノード数がビーム幅に達しているため、ここから先どれだけ探索しても列挙される
盤面の数が8を超えることはありません。

列挙した盤面をスコア順にソートして、スコアが高い順に2つの盤面を選択します。

● 幅2ビームサーチ、3ターン目の盤面ソートと選択

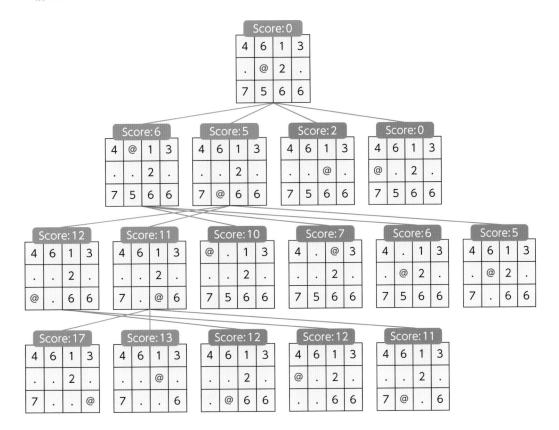

> **POINT**
>
> 　上図では、1ターン後の盤面の中ではスコア6が最大ですが、2ターン目ではこの盤面の子ノードは選択されていません。同じように、2ターン後の盤面の中ではスコア12が最大ですが、3ターン目ではこの盤面の子ノードは選択されていません。
>
> 　つまり、現時点で選択された盤面はどのターンにおいても各ターンのベストスコアの盤面ではありませんでした。このことからも、貪欲法で探索してしまうとより深いターンで損をする可能性があることがわかります。

選択された盤面からあり得る盤面を全て列挙します。

● 幅2ビームサーチ、4ターン目の盤面計算

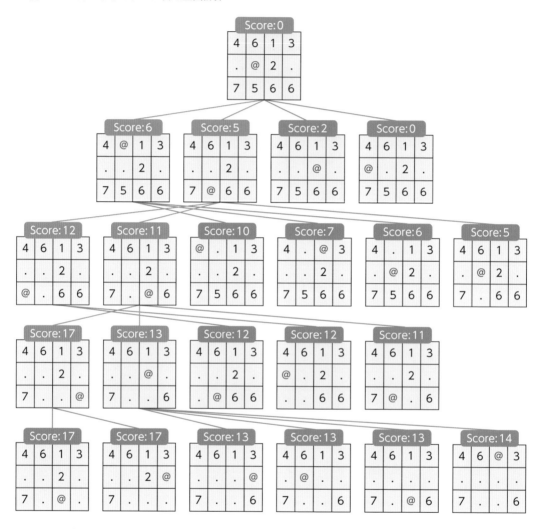

　指定した深さまで達したら、最終スコアが高い盤面を選択します。この盤面に到達するまでの手順は「下、右、右、左」だったので、1ターン目では「下」に移動すればよいです。

　幅2のビームサーチではスコア17で、貪欲法のスコア11よりも高いスコアが達成できました。

● 幅2ビームサーチ、最終手選択

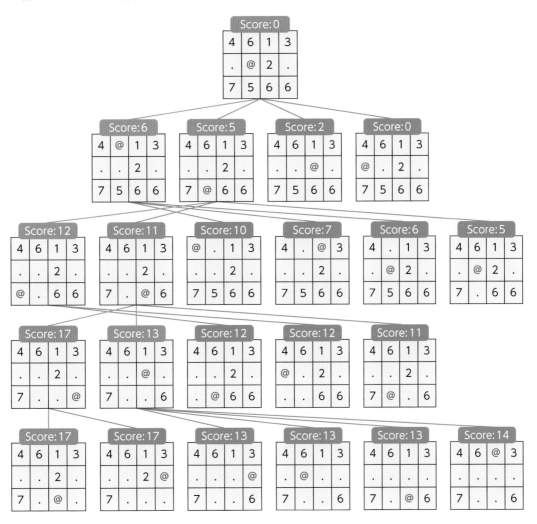

3.3.2 ビームサーチの実装

初手の行動を記録するメンバ変数を定義する

ビームサーチの実装準備として、MazeStateを一部修正します。まず、初手でどの行動をとったか記録するためのメンバ変数を定義します（**コード3.3.1**）。

コード3.3.1　最初にとった行動の記録（04_BeamSearch.cpp）

```
01: class MazeState
02: {
03: // ~略~
04: public:
05:     int first_action_ = -1;          // 探索木のルートノードで最初に選択した行動
06: };
```

比較演算子を実装する

探索時にノードをソートするため、比較演算子を実装します（**コード3.3.2**）。

コード3.3.2　盤面評価の比較演算子の実装（04_BeamSearch.cpp）

```
01: // ［どのゲームでも実装する］: 探索時のソート用に評価を比較する
02: bool operator<(const MazeState &maze_1, const MazeState &maze_2)
03: {
04:     return maze_1.evaluated_score_ < maze_2.evaluated_score_;
05: }
```

ビームサーチを実装する

ビームサーチを実装します。実装方法としてはstd::vectorを用いる方法とstd::priority_queueを用いる方法がありますが、本書では統一性の観点からstd::priority_queueで実装します（**コード3.3.3**）。

8行目では初期状態をstd::priority_queue now_beamに格納します。16〜27行目では、以下の処理を行います。

- now_beamに格納された盤面からあり得る次の盤面を全て列挙
- 評価が高い順にソートしながらnext_beamに格納

この処理を12行目のforループで繰り返すことで、now_beamの中で上位beam_width盤面からあり得る全ての盤面がnext_beamに格納されることになります。

30行目でnext_beamの内容をnow_beamにコピーすることで、ループ時に対象の深さの盤面を探索できるようにします。

ここまでの処理を9行目のforループで繰り返すことで、指定した深さbeam_depthまで探索します。

最後に今からとる行動を決定して戻します。最終的にどの盤面を選べばよいかは、31行目のように、探索が終わった深さの中で最も評価がよかった盤面を選べばよいです。この盤面にたどりつくために初手でどれを選んだかは、25行目のように、初回ループで記録しておけばわかります。

コード3.3.3　ビームサーチの実装例（04_BeamSearch.cpp）

```cpp
01: #include <queue>
02: // ビーム幅と深さを指定してビームサーチで行動を決定する
03: int beamSearchAction(const State &state, const int beam_width, const int beam_depth)
04: {
05:     std::priority_queue<State> now_beam;
06:     State best_state;
07:
08:     now_beam.push(state);
09:     for (int t = 0; t < beam_depth; t++)
10:     {
11:         std::priority_queue<State> next_beam;
12:         for (int i = 0; i < beam_width; i++)
13:         {
14:             if (now_beam.empty())
15:                 break;
16:             State now_state = now_beam.top();
17:             now_beam.pop();
18:             auto legal_actions = now_state.legalActions();
19:             for (const auto &action : legal_actions)
20:             {
21:                 State next_state = now_state;
22:                 next_state.advance(action);
23:                 next_state.evaluateScore();
24:                 if (t == 0)
25:                     next_state.first_action_ = action;
26:                 next_beam.push(next_state);
27:             }
28:         }
29:
30:         now_beam = next_beam;
31:         best_state = now_beam.top();
32:
33:         if (best_state.isDone())
34:         {
35:             break;
36:         }
37:     }
38:     return best_state.first_action_;
39: }
```

47

testAiScoreでテストするAIをbeamSearchActionに書き換えます(**コード3.3.4**)。ここではビーム幅を2、ビームの深さを終局まで(4)としています。

コード3.3.4 ビームサーチの平均スコアを求める(04_BeamSearch.cpp)

```
01: void testAiScore(const int game_number)
02: {
03: // ~略~
04:     while (!state.isDone())
05:     {
06:         state.advance(
07:             beamSearchAction(state, /*beam幅*/ 2, /*ビームの深さ*/ END_TURN)
08:             );
09:     }
10: }
```

ビームサーチでは平均スコア25.33になりました(**コマンド3.3.1**)。貪欲法の平均スコア24.11を超えているので、改善できたと言えそうです。

コマンド3.3.1 ビームサーチの100回平均スコア

```
> wsl ⏎
$ cd sample_code/03_OnePlayerGame/ ⏎
$ g++ -O3 -std=c++17 -o 04_BeamSearch 04_BeamSearch.cpp ⏎
$ ./04_BeamSearch ⏎
Score:  25.33
```

制限時間を指定して探索する

盤面が小さい時は探索を深くしてもすぐに計算が終わりますが、盤面が大きい時は計算時間が膨大になります。実用的に探索できるよう、ここからは指定した時間いっぱいまで深く探索する実装を説明します。

まず、計算時間による性能差がわかりやすくなるよう、盤面を大きくします(**コード3.3.5**)。

コード3.3.5 盤面を大きくする(05_BeamSearchWithTime.cpp)

```
01: constexpr const int H = 30;      // 迷路の高さ
02: constexpr const int W = 30;      // 迷路の幅
03: constexpr int END_TURN = 100;    // ゲーム終了ターン
```

時間を管理するためのクラスを用意します(**コード3.3.6**)。コンストラクタを呼んだ時点で時間計測を始め、インスタンス生成から制限時間を超過したか否かをisTimeOverで判定します。

コード3.3.6　時間を管理する（05_BeamSearchWithTime.cpp）

```
01: #include <chrono>
02: // 時間を管理するクラス
03: class TimeKeeper
04: {
05: private:
06:     std::chrono::high_resolution_clock::time_point start_time_;
07:     int64_t time_threshold_;
08:
09: public:
10:     // 時間制限をミリ秒単位で指定してインスタンスをつくる。
11:     TimeKeeper(const int64_t &time_threshold)
12:         : start_time_(std::chrono::high_resolution_clock::now()),
13:           time_threshold_(time_threshold)
14:     {
15:     }
16:
17:     // インスタンス生成した時から指定した時間制限を超過したか判定する。
18:     bool isTimeOver() const
19:     {
20:         using std::chrono::duration_cast;
21:         using std::chrono::milliseconds;
22:         auto diff = std::chrono::high_resolution_clock::now() - this->start_time_;
23:
24:         return duration_cast<milliseconds>(diff).count() >= time_threshold_;
25:     }
26: };
```

　ビームサーチ本体の実装は先ほどのbeamSearchActionをベースとして、制限時間の超過を判定する機能を追加します（**コード3.3.7**）。10行目のfor文ではループを抜ける条件を消し、代わりに15〜18行目のように、時間超過時に戻り値を返すことでループを抜けます。

コード3.3.7　制限時間付きビームサーチの実装（05_BeamSearchWithTime.cpp）

```
01: // ビーム幅と制限時間(ms)を指定してビームサーチで行動を決定する
02: int beamSearchActionWithTimeThreshold(
03:     const State &state,
04:     const int beam_width,
05:     const int64_t time_threshold
06: )
07: {
08:     auto time_keeper = TimeKeeper(time_threshold);
09: // 〜略〜
10:     for (int t = 0;; t++)
11:     {
12:         std::priority_queue<State> next_beam;
13:         for (int i = 0; i < beam_width; i++)
14:         {
15:             if (time_keeper.isTimeOver())
16:             {
```

次ページへ続く

```
17:                    return best_state.first_action_;
18:                }
19:            }
20: // ～略～
21:
22:    }
23:    return best_state.first_action_;
24: }
```

制限時間を指定してテストを行います（**コード3.3.8**）。ビーム幅が2のままだと深めに探索する意味がなくなるため、少し広げて幅を5にします。

コード3.3.8　1msの制限時間付きビームサーチの平均スコアを求める（05_BeamSearchWithTime.cpp）

```
01: void testAiScore(const int game_number)
02: {
03: // ～略～
04:        while (!state.isDone())
05:        {
06:            state.advance(
07:                beamSearchActionWithTimeThreshold(
08:                    state, /*beam幅*/ 5, /*制限時間(ms)*/ 1
09:                    )
10:                );
11:        }
12: }
```

実行すると、スコアは679.61でした（**コマンド3.3.2**）。なお、これまでと違いループ回数が固定ではないため、同じシードでも実行する度に結果が変わります。

コマンド3.3.2　1msの制限時間付きビームサーチの100回平均スコア

```
> wsl ⏎
$ cd sample_code/03_OnePlayerGame/ ⏎
$ g++ -O3 -std=c++17 -o 05_BeamSearchWithTime 05_BeamSearchWithTime.cpp ⏎
$ ./05_BeamSearchWithTime ⏎
Score:  679.61
```

制限時間を10msに増やしてみます（**コード3.3.9**）。

コード3.3.9　10msの制限時間付きビームサーチの平均スコアを求める（05_BeamSearchWithTime.cpp）

```
01: void testAiScore(const int game_number)
02: {
03: // ～略～
04:        while (!state.isDone())
05:        {
06:            state.advance(
07:                beamSearchActionWithTimeThreshold(
08:                    state, /*beam幅*/ 5, /*制限時間(ms)*/ 10
```

次ページへ続く

```
09:                    )
10:               );
11:        }
12: }
```

　実行すると、スコアは679.66となり、制限時間が1msの時よりわずかにスコアが改善された
ことがわかります（**コマンド3.3.3**）。

コマンド3.3.3　**10msの制限時間付きビームサーチの100回平均スコア**

```
> wsl ⏎
$ cd sample_code/03_OnePlayerGame/ ⏎
$ g++ -O3 -std=c++17 -o 05_BeamSearchWithTime 05_BeamSearchWithTime.cpp ⏎
$ ./05_BeamSearchWithTime ⏎
Score:  679.66
```

3

ビームサーチの実装方針を変える

　本書では後述のChokudaiサーチに実装を合わせるため、priority_queueによってビームサーチ を実装しました。実は、イントロセレクト（上位n個のみを選択するアルゴリズム。C++の場合は nth_element）を利用することでもビームサーチは実装可能です。探索を工夫する際、どのように 実装するとよいか考えて実装してみましょう。

コード 3.3.10　イントロセレクトによるビームサーチの実装例

```
01: int beamSearchActionByNthElement
02: (const State &state, const int beam_width, const int beam_depth)
03: {
04:     std::vector<State> now_beam; // priority_queueからvectorに変更
05:     State best_state;
06:     now_beam.emplace_back(state);
07:     for (int t = 0; t < beam_depth; t++)
08:     {
09:         std::vector<State> next_beam; // priority_queueからvectorに変更
10:         for (const State &now_state : now_beam)
11:         {
12:             auto legal_actions = now_state.legalActions();
13:             for (const auto &action : legal_actions)
14:             {
15:                 State next_state = now_state;
16:                 next_state.advance(action);
17:                 next_state.evaluateScore();
18:                 if (t == 0)
19:                     next_state.first_action_ = action;
20:                 next_beam.emplace_back(next_state);
21:             }
22:         }
23:         // イントロセレクトでビーム幅分だけ上位のデータを残す処理をする。
24:         if (next_beam.size() > beam_width)
25:         {
26:             std::nth_element(
27:                 next_beam.begin(), next_beam.begin() + beam_width,
28:                 next_beam.end(), std::greater<>());
29:             next_beam.resize(beam_width);
30:         }
31:         now_beam = next_beam;
32:         if (now_beam[0].isDone())
33:             break;
34:     }
35:     for (const State &now_state : now_beam)
36:         if (now_state.evaluated_score_ > best_state.evaluated_score_)
37:             best_state = now_state;
38:     return best_state.first_action_;
39: }
```

3.4

Chokudai サーチ

3.4.1 Chokudai サーチの特徴と動作
〜多様性を自動で確保！ お手軽で初心者にオススメ！

　ビームサーチでは幅を固定して時間いっぱいまで探索することで、深い探索が可能となりました。制限1msでのスコアが679.61、制限10msでのスコアが679.66で、確かにスコアが改善されていますが、時間を10倍使ったにしては微々たる差です。実行環境によっては同じスコアになることもあり得そうです。

　なぜこのようなことが起きるのでしょうか？

　あらためて、幅2のビームサーチの図を見てみましょう。この図は2ターン目の盤面をソート、選択した段階ですが、選択された盤面はどちらも初手で下移動をした盤面から進んだものです。ビームサーチの場合、幅が常に固定のため、ここから3ターン目、4ターン目、それ以上の探索をしても、全ての盤面が初手で下移動を選択した盤面から進んだものです。

　このように、深く探索しても元を辿ると同じ盤面ばかりの状態を多様性がないと言います。このせいで、どれだけ時間をかけても似たような盤面ばかり探索してしまい、制限1msでも制限10msでも大したスコア差が出ませんでした。

● 幅2ビームサーチの多様性

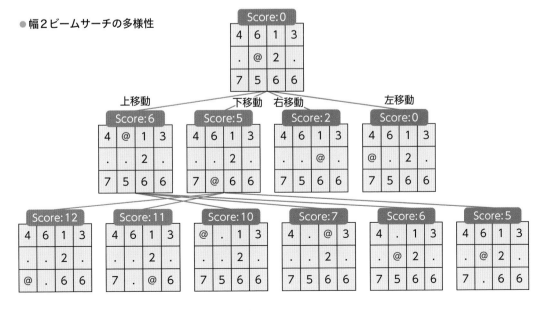

Chokudaiサーチ[注1]は、幅の狭いビームサーチを何度も繰り返すことで、多様性を自動で確保する手法です。

幅1のビームを2回撃つChokudaiサーチの例で説明します。まず、初期盤面から1ターン後にあり得る盤面を全て列挙します。

● Chokudaiサーチ、ビーム1本目、1ターン目の盤面計算

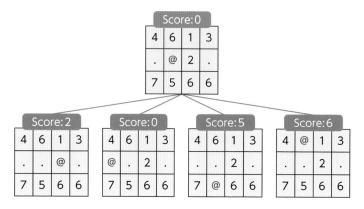

スコアが高い順にソートし、指定幅と同じ数だけスコアが高い盤面を選択します。今回は幅1なのでスコアが最も高い盤面を選択します。

● Chokudaiサーチ、ビーム1本目、1ターン目の盤面ソートと選択

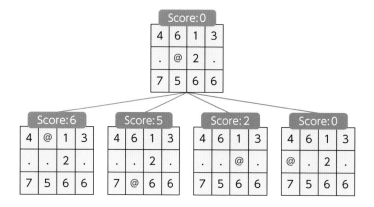

注1　Chokudaiサーチの命名の由来は、考案者である高橋直大氏のハンドルネーム、chokudaiから来ています。高橋直大氏はAtCoder株式会社代表取締役社長であり、Google Hash CodeやICFPCといった世界規模のコンテストで優勝するなど、競技者としても多くの実績を持っています。

そのままビームサーチと同じ手順で指定ターンまで探索します。この時、各ターンで選択され
なかった盤面も後で再利用するため、破棄しないでおきます。

● Chokudaiサーチ、ビーム1本目、4ターン目の盤面計算

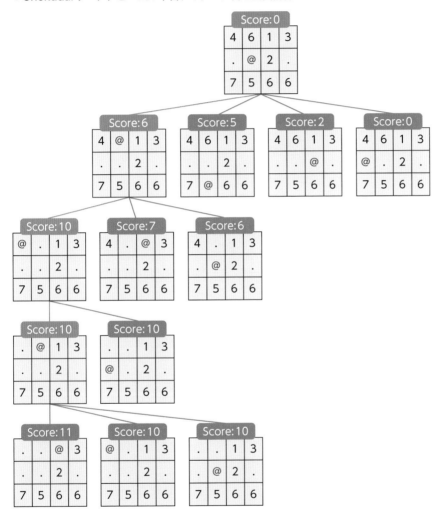

Chokudaiサーチの途中ですが、この時点で、それらしい4ターン目までの結果が得られます。
制限時間付きで探索する場合、CPUの使用状況によってはたまたま特定のタイミングで処理速
度が極端に遅くなることもあるかもしれません。Chokudaiサーチでは、性能に目を瞑ればかなり早
い段階でそれらしい結果を得られるため、CPUの状況によらず絶対に一定時間以内に結果を得た
い場合などは便利です。

2本目のビームを撃ちます。

ビームごとに、最初の盤面から処理をやり直します。

1本目のビームで選ばれなかった1ターン後の盤面をソートし、指定幅と同じ数だけスコアが高い盤面を選択します。スコア6の盤面は選択済みのため、スコア5, 2, 0の中でスコアが高い5の盤面を選択します。

2本目のビームも1本目と同様、選択されなかった盤面は破棄せずに残しておきます。

● Chokudaiサーチ、ビーム2本目、1ターン目の盤面選択

選択された盤面からあり得る盤面を列挙します。

2ターン目の盤面は、1本目のビームで選択されなかった2つの盤面に新しい3つの盤面を加えた、5つの盤面が後続の探索対象となります。

● Chokudaiサーチ、ビーム2本目、2ターン目の盤面計算

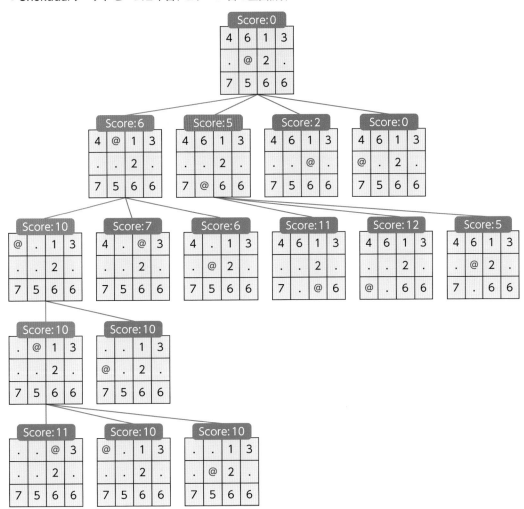

　1本目のビームで展開した盤面も含め、まだ探索していない同じ深さの盤面をスコア順にソートし、スコアが最も高い盤面を選択します。

　1本目のビームでは盤面Aから進んだ盤面であるc, d, eが、2本目のビームではBの盤面から進んだ盤面f, g, hが展開されています。盤面cは1本目のビームで探索済みのため、残るd, e, f, g, hの5つの盤面からソートし、スコアが最大の盤面fを選択します。

● Chokudai サーチ、ビーム2本目、2ターン目の盤面ソートと選択

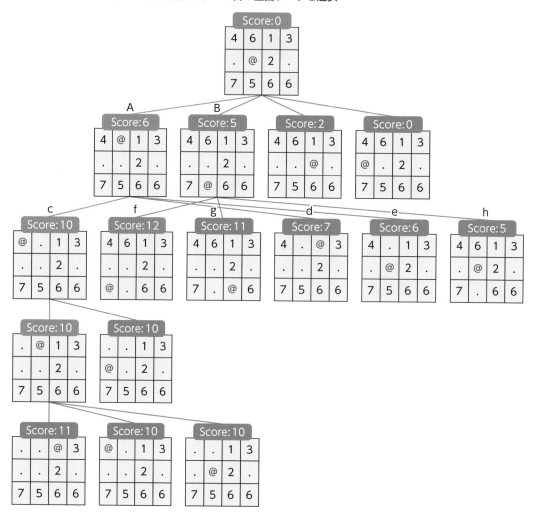

選択された盤面からあり得る盤面を列挙します。

3ターン目の盤面は、1本目のビームで選択されなかった1つの盤面に新しい2つの盤面を加えた、3つの盤面が後続の探索対象となります。

● Chokudaiサーチ、ビーム2本目、3ターン目の盤面計算

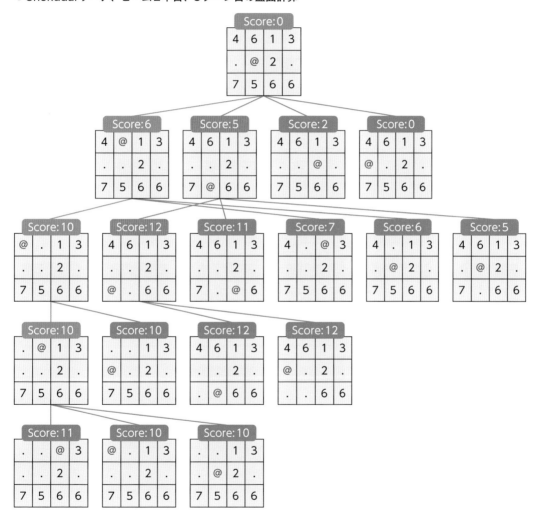

　1本目のビームで展開した盤面も含め、まだ探索していない同じ深さの盤面をスコア順にソートし、スコアが最も高い盤面を選択します。

　1本目のビームでは盤面Cから進んだ盤面であるi, jが、2本目のビームではFの盤面から進んだ盤面k, mが展開されています。盤面iは1本目のビームで探索済みのため、残るj, k, mの3つの盤面からソートし、スコアが最大の盤面kを選択します。

● Chokudaiサーチ、ビーム2本目、3ターン目の盤面ソートと選択

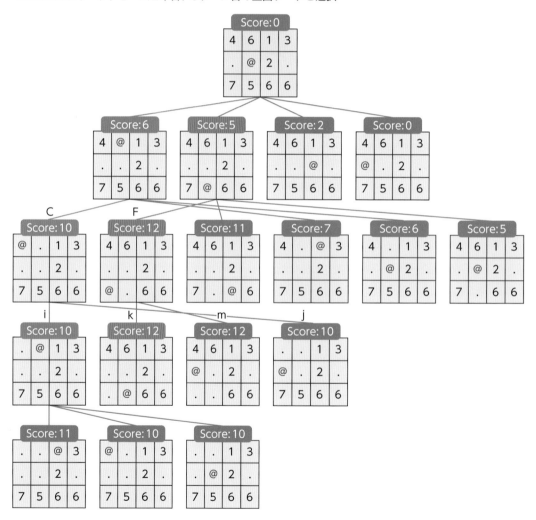

選択された盤面からあり得る盤面を列挙します。

4ターン目では、1本目のビームで計算した3つの盤面に新しい3つの盤面を加えて、盤面が6つになりました。

● Chokudaiサーチ、ビーム2本目、4ターン目の盤面計算

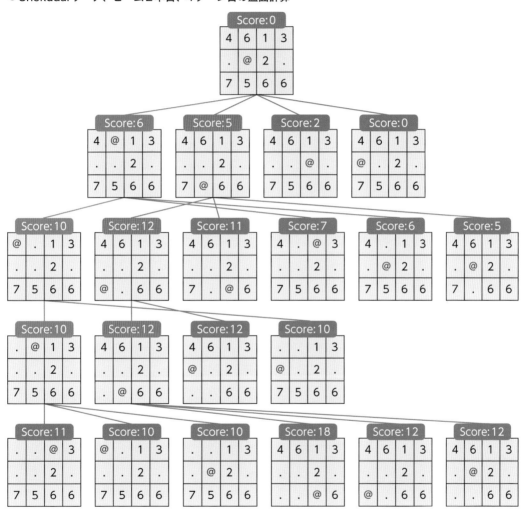

1本目のビームも含め、全てのビームの最も深い盤面からスコアが最大の盤面を選択します。ビーム本数2のChokudaiサーチではスコア18で、幅2のビームサーチのスコア17よりも高いスコアが達成できました。

●Chokudaiサーチ、ビーム2本目、最終スコアの選択

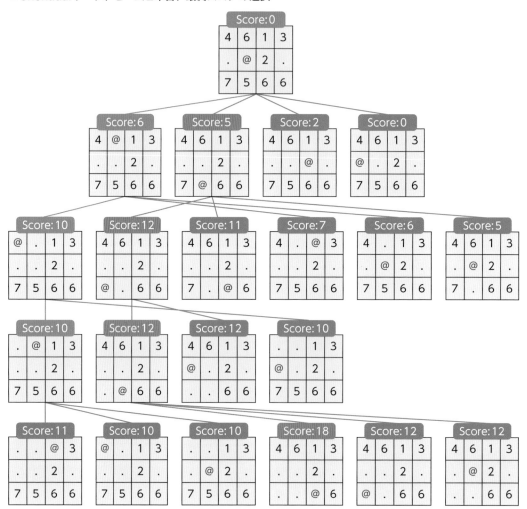

　さて、サンプルの盤面でビームサーチを超えるスコアを達成できましたが、たまたまChokudaiサーチにとって都合のよい盤面だったかもしれません。Chokudaiサーチの強みを考えてみましょう。

　下図はChokudaiサーチで3本目のビームを撃った場合の1ターン目の盤面選択ですが、ビームを撃つ度に初期盤面に戻るため、多様性を確保できています。幅を固定したビームサーチでは多くの時間をかけてもより深い探索ができるに過ぎませんが、Chokudaiサーチではビームの本数がそのまま多様性につながるため、時間をかければかけるほどより洗練された探索ができるようになります。

● Chokudaiサーチ、ビーム3本目、1ターン目の盤面選択

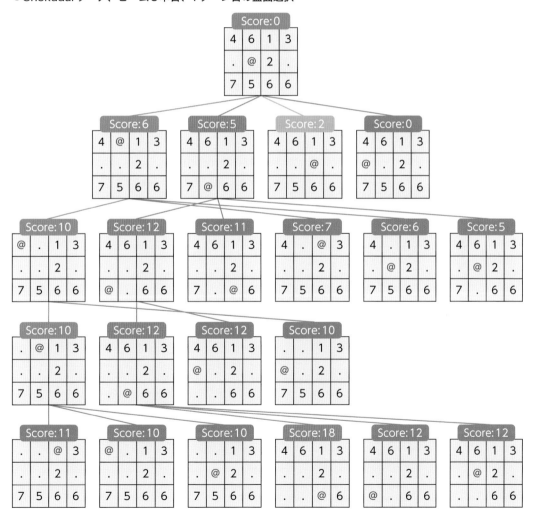

3.4.2 Chokudaiサーチの実装

Chokudaiサーチを実装する

　Chokudaiサーチを実装していきます（**コード3.4.1**）。

　8〜12行目のように、ビームの本数＋1個の優先度付きキューの配列beamを用意します。beam[t]はビームサーチの実装のnow_beam、beam[t＋1]はnext_beamにあたります。ビームサーチでは探索を深めたら使用済みのnow_beamは用済みですが、Chokudaiサーチでは一度使ったビームも使いまわしたいため、ループの外で配列として保持します。

　16〜41行目はほぼビームサーチと同じ実装で、それを14行目のforループで囲むことでビームを複数回撃ちます。

　さて、最後は最終スコアが高い盤面を選択するのですが、単純に考えればbeam[beam_depth].top()とすればよさそうに見えます。しかし、探索がbeam_depthに達する前にゲームが終了する場合があるため、beam[beam_depth]が空の場合もあります。

　そこで、43〜50行目のように、beamを深いターンから逆方向に走査し、空でないターンの最大スコアの盤面を最終スコアとします。

コード3.4.1　Chokudaiサーチの実装例(06_ChokudaiSearch.cpp)

```
01: // ビーム1本あたりのビームの幅と深さ、本数を指定してchokudaiサーチで行動を決定する
02: int chokudaiSearchAction(
03:     const State &state,
04:     const int beam_width,
05:     const int beam_depth,
06:     const int beam_number)
07: {
08:     auto beam = std::vector<std::priority_queue<State>>(beam_depth + 1);
09:     for (int t = 0; t < beam_depth + 1; t++)
10:     {
11:         beam[t] = std::priority_queue<State>();
12:     }
13:     beam[0].push(state);
14:     for (int cnt = 0; cnt < beam_number; cnt++)
15:     {
16:         for (int t = 0; t < beam_depth; t++)
17:         {
18:             auto &now_beam = beam[t];
19:             auto &next_beam = beam[t + 1];
20:             for (int i = 0; i < beam_width; i++)
21:             {
22:                 if (now_beam.empty())
23:                     break;
24:                 State now_state = now_beam.top();
25:                 if (now_state.isDone())
26:                 {
27:                     break;
```

次ページへ続く

```
28:                    }
29:                    now_beam.pop();
30:                    auto legal_actions = now_state.legalActions();
31:                    for (const auto &action : legal_actions)
32:                    {
33:                        State next_state = now_state;
34:                        next_state.advance(action);
35:                        next_state.evaluateScore();
36:                        if (t == 0)
37:                            next_state.first_action_ = action;
38:                        next_beam.push(next_state);
39:                    }
40:                }
41:            }
42:        }
43:        for (int t = beam_depth; t >= 0; t--)
44:        {
45:            const auto &now_beam = beam[t];
46:            if (!now_beam.empty())
47:            {
48:                return now_beam.top().first_action_;
49:            }
50:        }
51:
52:        return -1;
53: }
```

　幅2のビームサーチをテストとした時と盤面サイズやターン数の条件を合わせ、testAiScoreでテストするAIをchokudaiSearchActionに書き換えます（**コード3.4.2**）。

コード3.4.2　Chokudaiサーチの平均スコアを求める（06_ChokudaiSearch.cpp）

```
01: constexpr const int H = 3;     // 迷路の高さ
02: constexpr const int W = 4;     // 迷路の幅
03: constexpr int END_TURN = 4; // ゲーム終了ターン
04: // ~略~
05: void testAiScore(const int game_number)
06: {
07: // ~略~
08:        while (!state.isDone())
09:        {
10:            state.advance(
11:                chokudaiSearchAction(
12:                    state,
13:                    /*ビーム幅*/ 1,
14:                    /*ビームの深さ*/ END_TURN,
15:                    /*ビームを打つ回数*/ 2
16:                )
17:            );
18:        }
19: }
```

Chokudaiサーチでは平均スコア25.24になりました（**コマンド3.4.1**）。

おや？ ビームサーチの平均スコア25.33より低いですね。というのも、深さ4程度では多様性があまり失われず、Chokudaiサーチのメリットを享受できません。

コマンド3.4.1　Chokudaiサーチの100回平均スコア

```
> wsl ⏎
$ cd sample_code/03_OnePlayerGame/ ⏎
$ g++ -O3 -std=c++17 -o 06_ChokudaiSearch 06_ChokudaiSearch.cpp ⏎
$ ./06_ChokudaiSearch ⏎
Score: 25.24
```

制限時間付きで実装する

もっと大きい盤面で実行した場合を試してみましょう。まずはビームサーチ同様、Chokudaiサーチでも制限時間付きで実装し、同じ時間だけ実行する準備をします（**コード3.4.3**）。

コード3.4.3　制限時間付きChokudaiサーチの実装(07_ChokudaiSearchWithTime.cpp)

```
01: // ビーム1本あたりのビームの幅と深さ、制限時間(ms)を指定して
02: // chokudaiサーチで行動を決定する
03: int chokudaiSearchActionWithTimeThreshold(
04:     const State &state,
05:     const int beam_width,
06:     const int beam_depth,
07:     const int64_t time_threshold)
08: {
09:     auto time_keeper = TimeKeeper(time_threshold);
10: // ～略～
11:     for (int count = 0;; count++)
12:     {
13:         for (int t = 0; t < beam_depth; t++)
14:         {
15:             for (int i = 0; i < beam_width; i++)
16:             {
17: // ～略～
18:             }
19:         }
20:         if (time_keeper.isTimeOver())
21:         {
22:             break;
23:         }
24:     }
25: // ～略～
26: }
```

時間制限付きビームサーチをテストとした時と盤面サイズやターン数の条件を合わせ、制限時間1msを指定してテストを行います（**コード3.4.4**）。

コード3.4.4　1msの時間制限付きChokudaiサーチの平均スコアを求める（07_ChokudaiSearchWith Time.cpp）

```
01: constexpr const int H = 30;     // 迷路の高さ
02: constexpr const int W = 30;     // 迷路の幅
03: constexpr int END_TURN = 100;   // ゲーム終了ターン
04: void testAiScore(const int game_number)
05: {
06: // ～略～
07:         while (!state.isDone())
08:         {
09:             state.advance(
10:                 chokudaiSearchActionWithTimeThreshold(
11:                     state, /*ビーム幅*/ 1, /*ビームの深さ*/ END_TURN, /*制限時間(ms)*/ 1
12:                 )
13:             );
14:         }
15: }
```

　実行すると、スコアは669.87でした（**コマンド3.4.2**）。この制限時間1ms程度では探索回数が足らず、ビームサーチのスコアは679.61にやや及びません。

コマンド3.4.2　1msの制限時間付きChokudaiサーチの100回平均スコア

```
> wsl
$ cd sample_code/03_OnePlayerGame/
$ g++ -O3 -std=c++17 -o 07_ChokudaiSearchWithTime 07_ChokudaiSearchWithTime.cpp
$ ./07_ChokudaiSearchWithTime
Score:  669.87
```

　制限時間を10msに増やしてみます（**コード3.4.5**）。

コード3.4.5　10msの制限時間付きChokudaiサーチの平均スコアを求める（07_ChokudaiSearchWith Time.cpp）

```
01: void testAiScore(const int game_number)
02: {
03: // ～略～
04:         while (!state.isDone())
05:         {
06:             state.advance(
07:                 chokudaiSearchActionWithTimeThreshold(
08:                     state,
09:                     /*ビーム幅*/ 1,
10:                     /*ビームの深さ*/ END_TURN,
11:                     /*制限時間(ms)*/ 10
12:                 )
13:             );
14:         }
15: }
```

実行すると、スコアは708.09となり、同じ制限時間10msのビームサーチのスコア679.66より高くなりました（**コマンド3.4.3**）。

コマンド3.4.3　10msの制限時間付きChokudaiサーチの100回平均スコア

```
> wsl ↵
$ cd sample_code/03_OnePlayerGame/ ↵
$ g++ -O3 -std=c++17 -o 07_ChokudaiSearchWithTime 07_ChokudaiSearchWithTime.cpp ↵
$ ./07_ChokudaiSearchWithTime ↵
Score:  708.09
```

　ビームサーチでは幅を適切に設定しない限り、時間をどれだけかけてもあまりスコアが改善しないことも多いです。一方で、Chokudaiサーチでは制限時間を増やすほどスコアが改善されるというメリットが示せました。

　今回の実験ではビームサーチの幅が5で、極端に狭いです。実際にはもう少し適切な幅を設定するので、ビームサーチももう少しよいスコアになりそうです。

ビームサーチとChokudaiサーチの違い

　最後にビームサーチとChokudaiサーチの違いについてまとめます（**表3.4.1**）。

表3.4.1　ビームサーチとChokudaiサーチの比較

	性能を上げる難易度	多様性	潜在的な性能	メモリ
ビームサーチ	難しい	△	◎	○
Chokudaiサーチ	易しい	○	○	△

　多様性を自動で確保できるChokudaiサーチは、パラメータ調整が必要なビームサーチよりも性能を上げるのが比較的容易です。また、ここまでに紹介しきれませんでしたが、Chokudaiサーチはビームの本数に比例してメモリ使用量が増えるデメリットがある点や[注2]、多様性のために比較的よくない盤面を多く探索する点から、限界までチューニングされた状態[注3]ではビームサーチのほうが高性能だと言われています。

　まずはChokudaiサーチで探索に慣れ、自信がついてきたら徐々にビームサーチを使ってみるとよいでしょう。

[注2]　メモリ使用量を一定以上増やさないテクニックもありますが、本書では扱いません。
[注3]　よりよい探索をするためのテクニックは第7章で紹介します。

第 4 章

文脈のない
一人ゲームに使いたい
探索アルゴリズム

前章では文脈のある一人ゲームを取り扱いました。それとは対称に、文脈のないゲームもあります。ゲームの性質に応じてアルゴリズムを変え、よりよい解を導きましょう。

4.1

サンプルゲーム紹介
～オート数字集め迷路

4.1.1　オート数字集め迷路とは

　本章では、文脈のない一人ゲームに使えるアルゴリズムを紹介します。前章で取り扱った数字集め迷路を、文脈のない形に改変して説明していきます（**表4.1.1**）。

表4.1.1　オート数字集め迷路のルール

	説明
プレイヤーの目的	ゲーム終了時点のスコアを高くする。
プレイヤーの人数	一人
プレイヤーの着手タイミング	ゲーム全体で1回
プレイヤーができること	全てのキャラクターの初期配置を選択する。
ゲームの終了条件	特定ターン経過する。
その他	キャラクターは複数存在する。キャラクターは1ターンに1度、1マス隣の最もポイントが高い床に移動する。ポイントが同値の床がある場合、右、左、下、上の順で移動方向が優先される。キャラクターが移動した先にポイントがある場合、そのポイントの値をゲームスコアに加算し、床のポイントは消失する。複数のキャラクターが同時に同じポイント上に移動した場合、スコアは1回だけ加算する。各キャラクターの初期位置にあるポイントはスコアに加算せず消失する。

　以下のような盤面が初期位置で、キャラクター数3、終了ターン数5とします。

● オート数字集め迷路の初期状態

Score: 0				
9	1	3	7	8
7	8	2	2	1
9	3	7	4	2
3	1	1	6	4
9	3	9	3	9

　たとえば、以下のようにキャラクターを配置します。元の盤面には、A、B、Cそれぞれと同じ位置に3, 4, 9がありましたが、これらのポイントはスコアに加算されずに消失します。

● オート数字集め迷路の初期位置設定例

Score: 0				
9	1	3	7	8
7	8	2	2	1
9	3	7	4	2
A	1	1	6	B
9	3	9	3	C

　この初期配置でスコア計算をします。ここからは**プレイヤーの介入余地はありません**。

　まず、Aは下、上にある9が最大で、優先度の高い下移動をします。Bは左の6が最大、Cは左の3が最大です。スコアには3キャラクターが獲得したポイント合計の18が加算されます。

● オート数字集め迷路のスコア計算1

Score: 18				
9	1	3	7	8
7	8	2	2	1
9	3	7	4	2
.	1	1	B	.
A	3	9	C	.

　続いて、Aは右、Bは上、Cは左に移動します。

● オート数字集め迷路のスコア計算2

Score: 34				
9	1	3	7	8
7	8	2	2	1
9	3	7	B	2
.	1	1	.	.
.	A	C	.	.

Aは上、Bは左、Cは上に移動します。

● オート数字集め迷路のスコア計算 3

Score: 43				
9	1	3	7	8
7	8	2	2	1
9	3	B	.	2
.	A	C	.	.
.	.	.	.	.

　Aは上、Bは左、Cは右に移動します。この時、AとBが同時にポイント3の床に到達しますが、スコアには1回分の3だけ加算します。

● オート数字集め迷路のスコア計算 4

Score: 46				
9	1	3	7	8
7	8	2	2	1
9	AB	.	.	2
.	.	.	C	.
.	.	.	.	.

　Aは左、Bは左、Cは右に移動します。このように、一度重なったキャラクターは連れだって同じ場所に移動し続けてしまいます。

　5回のキャラクター移動が終了したので、この時点でのスコアが最終スコアとなります。

● オート数字集め迷路のスコア計算 5

Score: 55				
9	1	3	7	8
7	8	2	2	1
AB	.	.	.	2
.	.	.	.	C
.	.	.	.	.

　キャラクターが同時に同じ場所に到達してもうまみがないため、単にポイントの高い床が密集した位置にキャラクターを配置すればよいわけではないです。

　このゲームのポイントは、**プレイヤーが介入できる部分はキャラクターの初期配置のみ**という点です。キャラクターの移動方法はゲームのルールによって決められており、プレイヤーの意思とは関係ありません。また、キャラクターの初期配置においてAの次にB、Bの次にCといった順序もありません。このように、ゲーム中1度しかプレイヤーの介入余地がなく、順序性がない特性を本書では**文脈がない**と呼びます。

4.1.2　オート数字集め迷路の実装

　表4.1.2のメソッドを持つクラスを作ります。

表4.1.2　オート数字集め迷路のメソッド

メソッド	説明
AutoMoveMazeState(const int seed)	シードを指定して迷路を作成する。
void setCharacter(const int character_id, const int y, const int x)	指定位置に指定キャラクターを配置する。
bool isDone()	ゲームの終了判定をする。
std::string toString()	現在のゲーム状況を文字列にする。
ScoreType getScore(bool is_print)	スコア計算をする。
void movePlayer(const int character_id)	指定キャラクターを移動させる。
void advance()	ゲームを1ターン進める。

コンストラクタを実装する

　コンストラクタを実装します（**コード4.1.1**）。前章の数字集め迷路と違い、キャラクターは初期状態では配置しないため、単に盤面をポイントで覆い尽くせばよいです。

コード4.1.1　オート数字集め迷路のコンストラクタの実装（00_AutoMoveMazeState.cpp）

```
01: constexpr const int H = 5;        // 迷路の高さ
02: constexpr const int W = 5;        // 迷路の幅
03: constexpr int END_TURN = 5;       // ゲーム終了ターン
04: constexpr int CHARACTER_N = 3;    // キャラクターの数
05:
06: class AutoMoveMazeState
07: {
08: private:
09:     int points_[H][W] = {};              // 床のポイントを1~9で表現する
10:     int turn_;                           // 現在のターン
11:     Coord characters_[CHARACTER_N] = {}; // CHARACTER_N体のキャラクター
```

次ページへ続く

```
12: public:
13:     int game_score_;              // ゲーム上で実際に得たスコア
14:     ScoreType evaluated_score_;   // 探索上で評価したスコア
15:
16:     // h*wの迷路を生成する。
17:     AutoMoveMazeState(const int seed) : turn_(0),
18:                                         game_score_(0),
19:                                         evaluated_score_(0)
20:     {
21:
22:         auto mt_for_construct = std::mt19937(seed);
23:         for (int y = 0; y < H; y++)
24:         {
25:             for (int x = 0; x < W; x++)
26:             {
27:                 points_[y][x] = mt_for_construct() % 9 + 1;
28:             }
29:         }
30:     }
31: };
```

キャラクターを配置する

　まず、setCharacterを実装します（**コード4.1.2**）。プレイヤーはこのメソッドを呼んでキャラクターの初期配置を決定します。

コード4.1.2　オート数字集め迷路のキャラクター配置メソッドの実装（00_AutoMoveMazeState.cpp）

```
01: class AutoMoveMazeState
02: {
03: // ～略～
04: public:
05:     // 指定位置に指定キャラクターを配置する。
06:     void setCharacter(const int character_id, const int y, const int x)
07:     {
08:         this->characters_[character_id].y_ = y;
09:         this->characters_[character_id].x_ = x;
10:     }
11:
12: }
```

　isDone, toStringは前章の数字集め迷路と実装に大きな違いがないため、省略します。

スコアの計算を実装する

　次に、スコア計算をするgetScoreを実装します（**コード4.1.3**）。キャラクターの位置にあるポイントを消した後、終了するまでキャラクターの移動を繰り返します。

　20行目のadvanceについては後で説明しますが、前章と違って引数はなく、ゲーム内のルールに沿って自動でキャラクターが動きます。引数によってキャラクターの行動が変わらないため、

getScoreが呼ばれた時点でスコアは一意に定まります。

　なお、21〜22行目で各ターンの盤面状況を表示していますが、不要であれば引数is_printも含めてこの処理は削除してよいです。

コード4.1.3　オート数字集め迷路のgetScoreの実装(00_AutoMoveMazeState.cpp)

```
01: class AutoMoveMazeState
02: {
03: // ~略~
04: public:
05:     // [どのゲームでも実装する] :
06:     //  スコア計算をする。
07:     // (toStringを実装しない場合は引数is_printとそれの不随する処理は不要)
08:     ScoreType getScore(bool is_print = false) const
09:     {
10:         auto tmp_state = *this;
11:         // キャラクターの位置にあるポイントを消す。
12:         for (auto &character : this->characters_)
13:         {
14:             auto &point = tmp_state.points_[character.y_][character.x_];
15:             point = 0;
16:         }
17:         // 終了するまでキャラクターの移動を繰り返す。
18:         while (!tmp_state.isDone())
19:         {
20:             tmp_state.advance();
21:             if (is_print)
22:                 std::cout << tmp_state.toString() << std::endl;
23:         }
24:         return tmp_state.game_score_;
25:     }
26:
27: }
```

キャラクターの移動とターン進行を実装する

　getScoreの計算に使ったadvance、advanceの計算に用いるmovePlayerを実装します（コード4.1.4）。

　movePlayerは、指定したキャラクターをルールに沿って移動させます。ルールは「移動先のポイントが最大となるマスに移動する」、「最大値が同値であれば右、左、下、上の順に優先する」なので、best_pointとbest_action_indexに最大となるポイントと移動方向を格納します。この時、4〜5行目に右、左、下、上に進む移動方向を先に格納しておき、15〜16行目で順次方向を取り出しています。20行目でbest_pointより大きい時だけbest_pointが更新されるため、同値の場合は先に探索した方向が優先され、「最大値が同値であれば右、左、下、上の順に優先する」が満たされます。

　次に、ゲームを1ターン進めるadvanceを実装します。これは単純にキャラクターの数だけ

movePlayerを呼び出して移動した後、移動先マスに応じたスコアを更新すればよいです。

43行目でポイントを消去していますが、キャラクターの処理をループしている最中に床のポイントを消すことで、複数キャラクターが同じマスにいる時はポイント1回分とするルールを満たします。

コード 4.1.4　オート数字集め迷路の advance、movePlayer の実装（00_AutoMoveMazeState.cpp）

```cpp
01: class AutoMoveMazeState
02: {
03: private:
04:     static constexpr const int dx[4] = {1, -1, 0, 0};
05:     static constexpr const int dy[4] = {0, 0, 1, -1};
06:
07:     // 指定キャラクターを移動させる。
08:     void movePlayer(const int character_id)
09:     {
10:         Coord &character = this->characters_[character_id];
11:         int best_point = -INF;
12:         int best_action_index = 0;
13:         for (int action = 0; action < 4; action++)
14:         {
15:             int ty = character.y_ + dy[action];
16:             int tx = character.x_ + dx[action];
17:             if (ty >= 0 && ty < H && tx >= 0 && tx < W)
18:             {
19:                 auto point = this->points_[ty][tx];
20:                 if (point > best_point)
21:                 {
22:                     best_point = point;
23:                     best_action_index = action;
24:                 }
25:             }
26:         }
27:
28:         character.y_ += dy[best_action_index];
29:         character.x_ += dx[best_action_index];
30:     }
31:
32:     // ゲームを1ターン進める。
33:     void advance()
34:     {
35:         for (int character_id = 0; character_id < CHARACTER_N; character_id++)
36:         {
37:             movePlayer(character_id);
38:         }
39:         for (auto &character : this->characters_)
40:         {
41:             auto &point = this->points_[character.y_][character.x_];
42:             this->game_score_ += point;
43:             point = 0;
44:         }
```

次ページへ続く

```
45:         ++this->turn_;
46:     }
47: // 〜略〜
48:
49: }
```

迷路を解くAIを実装する

　続いて、オート数字集め迷路を解くAIを実装します（**コード4.1.5**）。まずは全キャラクターをランダムに配置してみます。

コード4.1.5　randomActionの実装（00_AutoMoveMazeState.cpp）

```
01: using State = AutoMoveMazeState;
02:
03: State randomAction(const State &state)
04: {
05:     State now_state = state;
06:     for (int character_id = 0; character_id < CHARACTER_N; character_id++)
07:     {
08:         int y = mt_for_action() % H;
09:         int x = mt_for_action() % W;
10:
11:         now_state.setCharacter(character_id, y, x);
12:     }
13:     return now_state;
14: }
```

　ゲームをプレイする関数を実装します（**コード4.1.6**）。

コード4.1.6　ゲームプレイの実装（00_AutoMoveMazeState.cpp）

```
01: // ゲームを1回プレイしてゲーム状況を表示する
02: void playGame(const StringAIPair &ai, const int seed)
03: {
04:     using std::cout;
05:     using std::endl;
06:     auto state = State(seed);
07:     state = ai.second(state);
08:     cout << state.toString() << endl;
09:     auto score = state.getScore(true);
10:     cout << "Score of " << ai.first << ": " << score << endl;
11: }
12:
13: int main()
14: {
15:     const auto &ai = StringAIPair("randomAction", [&](const State &state)
16:                                   { return randomAction(state); });
17:     playGame(ai, 0); // 盤面生成シードを0に設定してプレイする。
18:     return 0;
19: }
```

それでは実行してみましょう（**コマンド4.1.1**）。

コマンド4.1.1　ランダム配置でプレイ

```
> wsl ⏎
$ cd sample_code/04_HeuristicGame/ ⏎
$ g++ -O3 -std=c++17 -o 00_AutoMoveMazeState 00_AutoMoveMazeState.cpp ⏎
$ ./00_AutoMoveMazeState ⏎
```

実行結果は**図4.1.1**のようになります。ランダム配置のスコアは55でした。

図4.1.1　ランダム配置のプレイ結果

```
turn:    0                           turn:    4
score:   0                           score:   46
91378                                91378
78221                                78221
93742                                9@..2
@116@                                ...@.
9393@                                .....

turn:    1                           turn:    5
score:   18                          score:   55
91378                                91378
78221                                78221
93742                                @...2
.11@.                                ....@
@39@.                                .....

turn:    2                           Score of randomAction: 55
score:   34
91378
78221
937@2
.11..
.@@..

turn:    3
score:   43
91378
78221
93@.2
.@@..
.....
```

この出力結果は、先述のオート数字集め迷路の説明に使った図と同じです（P.71〜P.72）。

4.2

山登り法

4.2.1 山登り法の特徴と動作〜着実によい解を探索する！シンプルで安定感のあるアルゴリズム！

　山登り法は、局所探索法と呼ばれる探索手法に分類されるアルゴリズムです。

　局所探索法は、取り扱う問題に「いい解同士は似ている」という**近接最適性**があるという前提の下、似た構造を中心に探索する手法です（**集中化**）。

　ある状態から少し構造を変えた状態を**近傍**と呼びます。局所探索法では、解をランダムな近傍に遷移させ、特定の条件を満たしたら遷移を保ち、条件を満たさなかったら元の状態に戻します。これを繰り返し、最終的に最もスコアの高かった状態が解となります。

　山登り法はその中でも、現在のスコアよりも近傍のほうがスコアが高い場合のみ遷移を保つ、最もシンプルな局所探索法です。

　まずはランダムな解を用意し、スコアを計算します。ここではスコアが81でしたので、ベストスコアを81に更新します。

● 山登り法1

ベストスコア：0→81 一時スコア：81				
9	1	3	7	8
7	8	2	A	1
9	3	7	4	B
3	1	1	6	C
9	3	9	3	9

　ランダムに選択したキャラクターBの初期位置をランダムな位置に変えてスコアを計算します（次ページの図「山登り法2」）。スコアが50で、ベストスコアより低いため解を更新しません。

● 山登り法2

ベストスコア：81 一時スコア：50				
9	1	3	7	8
7	8	2	A	1
9	3	7	4	2
3	1	1	6	C
9	3	B	3	9

　先ほどの移動したBは元に戻し、次の近傍を考えます。ランダムに選択したキャラクターAの初期位置をランダムな位置に変えてスコアを計算します。スコアが83で、ベストスコアより高いため、解を更新します。

● 山登り法3

ベストスコア：81→83 一時スコア：83				
9	1	3	7	8
7	8	2	2	1
9	A	7	4	B
3	1	1	6	C
9	3	9	3	9

　先ほどの移動したAは新しい位置のまま、ランダムに選択したキャラクターBの初期位置をランダムな位置に変えてスコアを計算します。スコアが89で、ベストスコアより高いため、解を更新します。

● 山登り法4

ベストスコア：83→89 一時スコア：89				
9	1	3	B	8
7	8	2	2	1
9	A	7	4	2
3	1	1	6	C
9	3	9	3	9

このような処理を指定回数だけ繰り返します。スコアが下がるほうへの遷移はしないため、比較的安定してよい解が期待できます。

4.2.2 山登り法の実装

山登り法の実装準備として、AutoMoveMazeStateにメソッドを2つ追加します（**コード4.2.1**）。

まず、遷移元となる初期解を生成するメソッドinitを実装します。初期解の性質は山登り法の最終結果にも影響を及ぼす重要な要素ですが、今回は説明を簡単にするため、ランダムな位置にキャラクターを配置する処理をします。

続いて、状態遷移をするメソッドtransitionを実装します。近傍の選択方法には自由度があるため、1回の遷移で複数キャラクターを同時に移動したり、移動先にルールを決めたりしてもよいです。今回は簡単のため、1キャラクターをランダムで選び、盤面全体からランダムなどこかに移動する、という処理をします。

コード4.2.1 山登り法に使う初期化と遷移の実装(01_HillClimb.cpp)

```
01: class AutoMoveMazeState
02: {
03: // ~略~
04: public:
05:     // [どのゲームでも実装する] : 初期化する
06:     void init()
07:     {
08:         for (auto &character : this->characters_)
09:         {
10:             character.y_ = mt_for_action() % H;
11:             character.x_ = mt_for_action() % W;
12:         }
13:     }
14:
15:     // [どのゲームでも実装する] : 状態遷移する
16:     void transition()
17:     {
18:         auto &character = this->characters_[mt_for_action() % CHARACTER_N];
19:         character.y_ = mt_for_action() % H;
20:         character.x_ = mt_for_action() % W;
21:     }
22: }
```

山登り法のメイン部を実装します（**コード4.2.2**）。

コード4.2.2　山登り法の実装(01_HillClimb.cpp)

```
01: State hillClimb(const State &state, int number)
02: {
03:     State now_state = state;
04:     now_state.init();
05:     ScoreType best_score = now_state.getScore();
06:     for (int i = 0; i < number; i++)
07:     {
08:         auto next_state = now_state;
09:         next_state.transition();
10:         auto next_score = next_state.getScore();
11:         if (next_score > best_score)
12:         {
13:             best_score = next_score;
14:             now_state = next_state;
15:         }
16:     }
17:     return now_state;
18: }
```

　それでは実行してみましょう(**コード4.2.3**、**コマンド4.2.1**)。

コード4.2.3　山登り法の実装(01_HillClimb.cpp)

```
01: int main()
02: {
03:     const auto &ai = StringAIPair("hillClimb", [&](const State &state)
04:                                   { return hillClimb(state, 10000); });
05:     playGame(ai, 0); // 盤面生成シードを0に設定してプレイする。
06:     return 0;
07: }
```

コマンド4.2.1　山登り法の実行

```
> wsl ⏎
$ cd sample_code/04_HeuristicGame/ ⏎
$ g++ -O3 -std=c++17 -o 01_HillClimb 01_HillClimb.cpp ⏎
$ ./01_HillClimb ⏎
```

　実行結果は**図4.2.1**のようになります。ランダム配置でも山登り法でも同じ盤面生成シード0で実行した結果、ランダム配置のスコアは55だったのに対し、山登り法のスコアは96で、かなり高いスコアになったことがわかります。

図4.2.1 山登り法のプレイ結果

```
turn:    0
score:   0
91378
7822@
937@2
@1164
93939

turn:    1
score:   24
9137@
7822.
93@.2
.1164
@3939

turn:    2
score:   37
913@.
7822.
9@..2
.1164
.@939

turn:    3
score:   58
91@..
7822.
@...2
.1164
..@39

turn:    4
score:   70
91...
@8@2.
....2
.1164
...@9

turn:    5
score:   96
@1...
.@.2.
....2
.1164
....@

Score of hillClimb: 96
```

turn: 0 / score: 0

9	1	3	7	8
7	8	2	2	A
9	3	7	B	2
C	1	1	6	4
9	3	9	3	9

turn: 1 / score: 24

9	1	3	7	A
7	8	2	2	.
9	3	B	.	2
.	1	1	6	4
C	3	9	3	9

turn: 2 / score: 37

9	1	3	A	.
7	8	2	2	.
9	B	.	.	2
.	1	1	6	4
.	C	9	3	9

turn: 3 / score: 58

9	1	A	.	.
7	8	2	2	.
B	.	.	.	2
.	1	1	6	4
.	.	C	3	9

turn: 4 / score: 70

9	1	.	.	.
B	8	A	2	.
.	.	.	.	2
.	1	1	6	4
.	.	.	C	9

turn: 5 / score: 96

B	1	.	.	.
.	A	.	2	.
.	.	.	.	2
.	1	1	6	4
.	.	.	.	C

4.3

焼きなまし法

4.3.1 焼きなまし法の特徴と動作
〜局所解を抜け出せ！ マラソンマッチでおなじみのアルゴリズム！

局所解とは

　さて、山登り法を続けていればスコアが上がる方向にしか遷移しないため、いずれは理論上の最適解（厳密解）にたどり着きそうに見えますね。ところが、山登り法を続けると、**局所解（局所最適解）** から抜け出せなくなってしまう可能性があります。局所解というのは、どの近傍に遷移しても改善できないものの、最もよいとは限らない解のことです。

　たとえば、以下の解は局所解です。各キャラクターが5ターンで辿るマスを色分けしています。A、B、Cの辿る場所に重複がなく、きれいに分担できているように見えます。

● 山登り法の局所解

Score: 91				
9	A	3	7	8
7	8	2	B	1
9	3	7	4	2
3	1	1	6	C
9	3	9	3	9

　たとえば、Bの辿るマスは1や2などの低いポイントを持つマスも多いため、もっと高いマスを通るようにBの初期位置を変更してみましょう。次ページの図「スコアが下がる例」のようにBの初期位置を変更すると、Bの辿るマスの合計は元の22から28になり、6ポイントのプラスです。ところが、最後に辿る8ポイントのマスはAと同時に到達するため、スコアとして加算されず、全体で見るとスコアは伸びません。

　他にも、A、B、Cのどの1キャラクターの配置を変更したとしても、スコアが91より高くなることはありません。

● スコアが下がる例

Score: 89				
9	A	3	7	8
7	8	2	2	B
9	3	7	4	2
3	1	1	6	C
9	3	9	3	9

　では、局所解はこの盤面の厳密な最適解ということでしょうか。実はそうではありません。

　たとえば、以下の解はスコアが96となります。この解は、局所解と比較するとAの位置もBの位置も異なります。つまり、近傍を「1キャラクターの位置を変更する」とした場合、スコア91の解から1回で遷移できないということです。山登り法ではスコアの改善がない時は遷移を許さないため、この解には永遠にたどり着けません。

● さらによい解の例

Score: 96				
9	1	3	7	8
7	8	2	2	B
9	3	7	A	2
3	1	1	6	C
9	3	9	3	9

局所解を抜け出すための工夫をする

　そこで、山登り法に工夫を加えて局所解を抜け出せるようにしましょう。方法は単純で、スコアが改善しない時も遷移するようにすればよいです。

　ある解 now のスコアを $Score(now)$ とした時、ランダムに選択した解 $next$ に遷移するかどうかを考えます。まず、$Score(next) \geq Score(now)$ の時は $next$ に遷移します。$Score(next) < Score(now)$ の時は、変化量 $\Delta = Score(next) - Score(now)$ に応じた確率で遷移するようにします。

　遷移確率は $\Delta \geq 0$ の時に 1、$\Delta < 0$ の時に $e^{\frac{\Delta}{t}}$ とします。パラメータ t は**温度**と呼ばれ、t が高いほど遷移確率が高く、t が低いほど遷移確率が低くなります。探索の初期は温度を高くすることでランダムな遷移を発生しやすくします。

● t が高い時の遷移確率

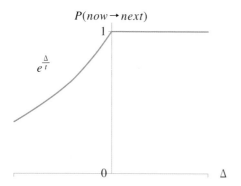

探索の終盤に近づくにつれて温度を下げ、スコアを下がりにくくします。

● t が低い時の遷移確率

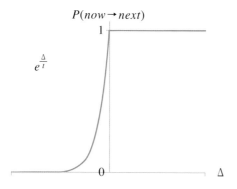

このように温度を徐々に冷やしながらよりよい状態を探す工程を、金属工学における焼きなましから名前をとり、**焼きなまし法(Simulated Annealing)** と呼びます。

なお、焼きなまし法を紹介する文献の中には遷移確率を $e^{-\frac{\Delta}{t}}$ とすることがあります。これは、スコアを最小化することと最大化することのどちらを目的とするかによって変わります。今回はスコアを最大化することを目的として説明したため、遷移確率は $e^{\frac{\Delta}{t}}$ としました。

4.3.2 焼きなまし法の実装

焼きなまし法を実装する

焼きなまし法を実装します (コード4.3.1)。

18行目で温度を計算します。前項では探索の初期は温度を高く、探索の終盤では温度を低く設

定するとよいことを説明しました。この温度の更新方法を**冷却スケジュール**と呼びます。冷却スケジュールにはさまざまな方針が提案されていますが、今回は初期温度と最終温度を設定し、探索回数に応じて線形に下がるように更新します。

19行目は遷移確率 $e^{\frac{\Delta}{T}}$ を計算します。20行目の`(mt_for_action() % INF) / (double) INF`の部分で1.0以下の乱数が取得できるので、この値と比較することで遷移確率に応じて遷移を強制するかどうかを決定できます。

21行目では、山登り法同様に近傍のスコアが現在のスコアを超えているか確認するのに加え、遷移を強制するかどうかも条件に加えています。OR条件にすることで、スコアが改善していれば遷移、スコアが改善していなくても遷移を強制するフラグが立っている場合は遷移、といった挙動を実現できます。

コード4.3.1　焼きなまし法の実装(02_SimulatedAnnealing.cpp)

```
01: State simulatedAnnealing(
02:     const State &state,
03:     int number,
04:     double start_temp,
05:     double end_temp)
06: {
07:     State now_state = state;
08:     now_state.init();
09:     ScoreType best_score = now_state.getScore();
10:     ScoreType now_score = best_score;
11:     auto best_state = now_state;
12:
13:     for (int i = 0; i < number; i++)
14:     {
15:         auto next_state = now_state;
16:         next_state.transition();
17:         auto next_score = next_state.getScore();
18:         double temp = start_temp + (end_temp - start_temp) * (i / number);
19:         double probability = exp((next_score - now_score) / temp); // 確率probで遷移する
20:         bool is_force_next = probability > (mt_for_action() % INF) / (double)INF;
21:         if (next_score > now_score || is_force_next)
22:         {
23:             now_score = next_score;
24:             now_state = next_state;
25:         }
26:
27:         if (next_score > best_score)
28:         {
29:             best_score = next_score;
30:             best_state = next_state;
31:         }
32:     }
33:     return best_state;
34: }
```

平均スコアを計算する

　ここまでの実装では1種類のシード値でスコア計算をしていましたが、より高い精度でスコア計算をするため、複数シードの平均スコアを計算する関数を実装します（**コード4.3.2**）。

コード4.3.2　平均スコアを表示する関数の実装（02_SimulatedAnnealing.cpp）

```
01: // ゲームをgame_number回プレイして平均スコアを表示する
02: void testAiScore(const StringAIPair &ai, const int game_number)
03: {
04:     using std::cout;
05:     using std::endl;
06:     std::mt19937 mt_for_construct(0);
07:     double score_mean = 0;
08:     for (int i = 0; i < game_number; i++)
09:     {
10:         auto state = State(mt_for_construct());
11:         state = ai.second(state);
12:
13:         auto score = state.getScore(false);
14:         score_mean += score;
15:     }
16:     score_mean /= (double)game_number;
17:     cout << "Score of " << ai.first << ":\t" << score_mean << endl;
18: }
```

山登り法と焼きなまし法を比較する

　山登り法と焼きなまし法、それぞれを評価回数10000、ゲーム数1000で実験して比較します（**コード4.3.3**、**コマンド4.3.1**）。

コード4.3.3　山登り法と焼きなまし法の平均スコア比較の実装（02_SimulatedAnnealing.cpp）

```
01: int main()
02: {
03:     int simulate_number = 10000;
04:     const std::vector<StringAIPair> ais =
05:         {StringAIPair("hillClimb", [&](const State &state)
06:                         { return hillClimb(state, simulate_number); }),
07:          StringAIPair("simulatedAnnealing", [&](const State &state)
08:                         { return simulatedAnnealing(
09:                                 state, simulate_number,
10:                                 /*start_temp*/ 500,
11:                                 /*end_temp*/ 10); })};
12:     int game_number = 1000;
13:     for (const auto &ai : ais)
14:     {
15:         testAiScore(ai, game_number);
16:     }
17:     return 0;
18: }
```

コマンド4.3.1　山登り法と焼きなまし法の比較（評価回数10000）

```
> wsl
$ cd sample_code/04_HeuristicGame/
$ g++ -O3 -std=c++17 -o 02_SimulatedAnnealing 02_SimulatedAnnealing.cpp
$ ./02_SimulatedAnnealing
```

　実行結果は**表4.3.1**のようになります。山登り法の平均スコア95.624に対し、焼きなまし法の平均スコアは97.011で、スコアが改善されたことがわかります。

表4.3.1　山登り法と焼きなまし法の平均スコア比較の結果（評価回数10000）

アルゴリズム	平均スコア
山登り法（Score of hillClimb:）	95.624
焼きなまし法（Score of simulatedAnnealing:）	97.011

評価回数を変更して比較する

　ではここで、各ゲームの評価回数を10000から100に変更して再実験してみます（**コード4.3.4**、**コマンド4.3.2**）。

コード4.3.4　山登り法と焼きなまし法の平均スコア比較の実装（評価回数100）（03_SimulatedAnnealing_100.cpp）

```
01: int main()
02: {
03:     int simulate_number = 100;
04:     const std::vector<StringAIPair> ais =
05:         {StringAIPair("hillClimb", [&](const State &state)
06:                      { return hillClimb(state, simulate_number); }),
07:          StringAIPair("simulatedAnnealing", [&](const State &state)
08:                      { return simulatedAnnealing(
09:                                state, simulate_number,
10:                                /*start_temp*/ 500,
11:                                /*end_temp*/ 10); })};
12:     int game_number = 1000;
13:     for (const auto &ai : ais)
14:     {
15:         testAiScore(ai, game_number);
16:     }
17:     return 0;
18: }
```

コマンド4.3.2　山登り法と焼きなまし法の比較（評価回数100）

```
> wsl
$ cd sample_code/04_HeuristicGame/
$ g++ -O3 -std=c++17 -o 03_SimulatedAnnealing_100 03_SimulatedAnnealing_100.cpp
$ ./03_SimulatedAnnealing_100
```

　実行結果は**表4.3.2**のようになります。山登り法の平均スコアは94.861、焼きなまし法の平均スコアは93.734で、どちらも評価回数10000の時より下がっています。

表4.3.2　山登り法と焼きなまし法の平均スコア比較の結果(評価回数100)

アルゴリズム	平均スコア
山登り法(Score of hillClimb:)	94.861
焼きなまし法(Score of simulatedAnnealing:)	93.734

　注目すべきは、山登り法と焼きなまし法の平均スコアの大小関係が逆転し、山登り法のほうが高いスコアとなっている点です。

　山登り法は局所解に到達したらその後スコアが伸びないという欠点があります。その欠点を解消するために焼きなまし法を導入したわけですが、今回は局所解に到達できるほどの評価回数も確保できなかったケースです。局所解に到達するまでは、山登り法のほうが確実にスコアが伸びる分、有利と言えます。問題の性質や、探索に使用できる時間のバランスを考え、どの手法を使うべきか考えましょう。

COLUMN

メタヒューリスティクス

　本書では構成の都合上、本章を「文脈のない一人ゲームに使いたい探索アルゴリズム」と命名しました。実は、本章で扱ったアルゴリズムは学問上、メタヒューリスティクスと呼ばれる分野です。本書ではゲームAIを作成するのに適した探索手法をテーマとしているため、ゲームの分野としてわかる命名をし、紹介してきました。

　メタヒューリスティクスは、数理最適化という学問の**組合せ最適化問題**を解くための方針の1つです。山登り法の説明でも記載しましたが、過去のよい解に似た解を探す「集中化」と、過去の解とは異なる解を探す「多様化」のバランスをとりながら、解の探索と評価を繰り返します。

●集中化と多様化のバランス

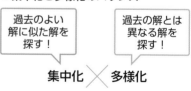

　メタヒューリスティクスには、複数の解を集団として保持しながら多様化を実現する**遺伝的アルゴリズム**や、直近の探索解を除く近傍に遷移する**タブーサーチ**など、本書で紹介した以外にもさまざまな手法が存在します。

　メタヒューリスティクスの各手法について深堀することは本書のテーマからそれてしまうため、汎用性が高く使い勝手のよい焼きなまし法を紹介しましたが、より多くの引き出しを持つために、これらの分野を学習してみるのもおもしろいかもしれません。

第 5 章

交互着手二人ゲームに
使いたい
探索アルゴリズム

ここまで、一人ゲームをゲームの性質に分けて説明してきました。
本章では、二人ゲームに使えるアルゴリズムを説明します。自
身の行動だけでゲーム状況が決定する一人ゲームと違い、相手
の行動がゲーム状況を左右することで、どんな課題が生まれる
のか見ていきましょう。

5.1 サンプルゲーム紹介 ～交互着手数字集め迷路

5.1.1 交互着手数字集め迷路とは

　本章では、二人のプレイヤーが交互に行動をして対戦するゲームに使えるアルゴリズムを紹介します。ここでは、数字集め迷路を二人プレイヤー用に拡張したゲームで説明します（**表5.1.1**）。

表5.1.1　交互着手数字集め迷路のルール

	説明
プレイヤーの目的	ゲーム終了時点のスコアを対戦相手より高くする。ゲーム終了時点のスコアが両者同じだった場合は引き分け。
プレイヤーの人数	二人
プレイヤーの着手タイミング	対戦相手と交互
プレイヤーができること	自分の手番がまわるたび、自身のキャラクターを上下左右の四方向いずれかの場所に1マス移動させる。立ち止まることや、盤面の外に移動させることはできない。
ゲームの終了条件	特定ターン経過する。
その他	キャラクターは盤面の中心マスを横方向にはさむように左右対称に配置される。キャラクターが移動した先にポイントがある場合、そのポイントの値を自身のゲームスコアに加算し、床のポイントは消失する。

　たとえば次のような初期盤面から「Aが上に進む、Bが下に進む、Aが下に進む、Bが左に進む」のように各プレイヤーが交互に行動すると、

● 交互着手数字集め迷路の初期状態

```
A  5 5 4
0  A 7 B
B
0  9 6 1
```

最終的にAがスコア5、Bがスコア7で、スコアが高いBの勝ちです（次ページの図「交互着手数字集め迷路の動作例1」）。

● 交互着手数字集め迷路の動作例1

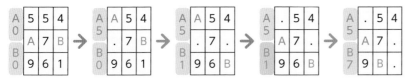

　各プレイヤーの手順を変え、「Aが右に進む、Bが左に進む、Aが上に進む、Bが下に進む」のように各プレイヤーが交互に行動すると、

● 交互着手数字集め迷路の動作例2

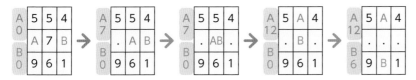

最終的にAがスコア12、Bがスコア6で、スコアが高いAの勝ちです。

5.1.2 交互着手数字集め迷路の実装

　表5.1.2のメソッドを持つクラスを作ります。

表5.1.2　交互着手数字集め迷路のメソッド

メソッド	説明
AlternateMazeState()	デフォルトコンストラクタ
AlternateMazeState(const int seed)	シードを指定して迷路を作成する。
bool isDone()	ゲームの終了判定をする。
bool getWinningStatus()	現在のプレイヤー視点の勝敗情報を取得する。
void advance(const int action)	指定したactionでゲームを1ターン進め、次のプレイヤー視点の盤面にする。
std::vector<int> legalActions()	現在のプレイヤーが可能な行動を全て取得する。
std::string toString()	現在のゲーム状況を文字列にする。

キャラクター情報を保持する構造体を作成する

　それでは実装の説明を進めます。

　一人ゲームの数字集め迷路では、座標を保持する構造体を作りました。二人ゲームではプレイヤーごとにスコアを持つため、座標とスコアをプレイヤーごとに持つようにします（**コード5.1.1**）。

コード 5.1.1　キャラクター情報を保持する構造体 (00_AlternateMazeState.cpp)

```
01: struct Character
02: {
03:     int y_;
04:     int x_;
05:     int game_score_;
06:     Character(const int y = 0, const int x = 0) : y_(y), x_(x), game_score_(0) {}
07: };
```

コンストラクタを実装する

　コンストラクタを実装します (**コード5.1.2**)。キャラクターが二人であること以外は一人ゲームの数字集め迷路と同じです。二人のキャラクターは線対称の位置に固定します。

コード5.1.2　交互着手数字集め迷路のコンストラクタ (00_AlternateMazeState.cpp)

```
01: constexpr const int H = 3;   // 迷路の高さ
02: constexpr const int W = 3;   // 迷路の幅
03: constexpr int END_TURN = 4; // ゲーム終了ターン
04:
05: class AlternateMazeState
06: {
07: private:
08:     std::vector<std::vector<int>> points_; // 床のポイントを1~9で表現する
09:     int turn_;                             // 現在のターン
10:     std::vector<Character> characters_;
11:
12: public:
13:     AlternateMazeState(const int seed) : points_(H, std::vector<int>(W)),
14:                                          turn_(0),
15:                                          characters_({
16:                                              Character(H / 2, (W / 2) - 1),
17:                                              Character(H / 2, (W / 2) + 1)}
18:                                              )
19:     {
20:         auto mt_for_construct = std::mt19937(seed);
21:
22:         for (int y = 0; y < H; y++)
23:             for (int x = 0; x < W; x++)
24:             {
25:                 int point = mt_for_construct() % 10;
26:                 if (characters_[0].y_ == y && characters_[0].x_ == x)
27:                 {
28:                     continue;
29:                 }
30:                 if (characters_[1].y_ == y && characters_[1].x_ == x)
31:                 {
32:                     continue;
33:                 }
34:
```

次ページへ続く

```
35:                this->points_[y][x] = point;
36:            }
37:        }
38: };
```

各メソッドを実装する

　一人用数字集め迷路でも実装した isDone, advance, legalActions と、どちらが勝ったのかを取得する getWinningStatus を実装します（**コード5.1.3**）。

　一人用数字集め迷路の時と異なり、advance はプレイヤー視点を切り替える機能を追加します。これにより、characters_[0] が常にそのターンのプレイヤーのキャラクターとなるため、実装が楽になります。たとえば、legalActions では34行目のようにどちらのプレイヤー視点かを考えず、character を単に characters_[0] とできます。

　getWinningStatus も同様に、そのターンのプレイヤーを characters_[0]、そのターンのプレイヤーから見て対戦相手を characters_[1] として勝敗判定すればよくなります。

コード5.1.3　交互着手数字集め迷路の基本メソッド（00_AlternateMazeState.cpp）

```
01: class AlternateMazeState
02: {
03: // ~略~
04: private:
05:
06: public:
07:     // [どのゲームでも実装する]： ゲームが終了したか判定する
08:     bool isDone() const
09:     {
10:         return this->turn_ == END_TURN;
11:     }
12:
13:     // [どのゲームでも実装する]：
14:     // 指定したactionでゲームを1ターン進め、次のプレイヤー視点の盤面にする
15:     void advance(const int action)
16:     {
17:         auto &character = this->characters_[0];
18:         character.x_ += dx[action];
19:         character.y_ += dy[action];
20:         auto &point = this->points_[character.y_][character.x_];
21:         if (point > 0)
22:         {
23:             character.game_score_ += point;
24:             point = 0;
25:         }
26:         this->turn_++;
27:         std::swap(this->characters_[0], this->characters_[1]);
28:     }
29:
30:     // [どのゲームでも実装する]： 現在のプレイヤーが可能な行動を全て取得する
```

次ページへ続く

```
31:    std::vector<int> legalActions() const
32:    {
33:        std::vector<int> actions;
34:        const auto &character = this->characters_[0];
35:        for (int action = 0; action < 4; action++)
36:        {
37:            int ty = character.y_ + dy[action];
38:            int tx = character.x_ + dx[action];
39:            if (ty >= 0 && ty < H && tx >= 0 && tx < W)
40:            {
41:                actions.emplace_back(action);
42:            }
43:        }
44:        return actions;
45:    }
46:
47:    // [どのゲームでも実装する]：勝敗情報を取得する
48:    WinningStatus getWinningStatus() const
49:    {
50:        if (isDone())
51:        {
52:            if (characters_[0].game_score_ > characters_[1].game_score_)
53:                return WinningStatus::WIN;
54:            else if (characters_[0].game_score_ < characters_[1].game_score_)
55:                return WinningStatus::LOSE;
56:            else
57:                return WinningStatus::DRAW;
58:        }
59:        else
60:        {
61:            return WinningStatus::NONE;
62:        }
63:    }
64: };
```

迷路を出力する

　視覚的にゲームの進行を追えるよう、盤面の状況を文字列に変換できるようにしておきます。出力する文字列は、1つの座標を**表5.1.3**に対応する1文字で表現することとします。

表5.1.3　表示する文字の意味

文字	意味
.	床
A	先手プレイヤーのキャラクター
B	後手プレイヤーのキャラクター
0~9	床に散らばったポイント

advanceで視点を入れ替えているため、奇数ターンでは13〜17行目、30〜33行目のように、初期配置視点になるようにプレイヤーidを反転します（**コード5.1.4**）。

コード5.1.4 交互着手数字集め迷路の出力（00_AlternateMazeState.cpp）

```
01: class AlternateMazeState
02: {
03: // 〜略〜
04: public:
05:     // [実装しなくてもよいが実装すると便利]：現在のゲーム状況を文字列にする
06:     std::string toString() const
07:     {
08:         std::stringstream ss("");
09:         ss << "turn:\t" << this->turn_ << "\n";
10:         for (int player_id = 0; player_id < this->characters_.size(); player_id++)
11:         {
12:             int actual_player_id = player_id;
13:             if (this->turn_ % 2 == 1)
14:             {
15:                 // 奇数ターンの場合は初期配置の視点で見るとplayer_idが逆
16:                 actual_player_id = (player_id + 1) % 2;
17:             }
18:             const auto &chara = this->characters_[actual_player_id];
19:             ss << "score(" << player_id << "):\t"<< chara.game_score_;
20:             ss << "\ty: " << chara.y_ << " x: " << chara.x_ << "\n";
21:         }
22:         for (int h = 0; h < H; h++)
23:         {
24:             for (int w = 0; w < W; w++)
25:             {
26:                 bool is_written = false; // この座標に書く文字が決定したか
27:                 for (int player_id = 0; player_id < characters_.size(); player_id++)
28:                 {
29:                     int actual_player_id = player_id;
30:                     if (this->turn_ % 2 == 1)
31:                     {
32:                         actual_player_id = (player_id + 1) % 2;
33:                     }
34:
35:                     const auto &character = this->characters_[player_id];
36:                     if (character.y_ == h && character.x_ == w)
37:                     {
38:                         if (actual_player_id == 0)
39:                         {
40:                             ss << 'A';
41:                         }
42:                         else
43:                         {
44:                             ss << 'B';
45:                         }
46:                         is_written = true;
47:                     }
```

次ページへ続く

```
48:                 }
49:                 if (!is_written)
50:                 {
51:                     if (this->points_[h][w] > 0)
52:                     {
53:                         ss << points_[h][w];
54:                     }
55:                     else
56:                     {
57:                         ss << '.';
58:                     }
59:                 }
60:             }
61:             ss << '\n';
62:         }
63:
64:         return ss.str();
65:     }
66: };
```

　ここまででひとまず交互着手数字集め迷路の基本機能は揃いました。

迷路を解くAIを実装する

　続いて、交互着手数字集め迷路を解く簡単なAIを用意します（**コード5.1.5**）。ランダム行動では相手の行動を考慮する必要がないため、一人用数字集め迷路の時と大きな差はありません。

コード5.1.5　ランダムに行動を選択するAI（00_AlternateMazeState.cpp）

```
01: using State = AlternateMazeState;
02:
03: // ランダムに行動を決定する
04: int randomAction(const State &state)
05: {
06:     auto legal_actions = state.legalActions();
07:     return legal_actions[mt_for_action() % (legal_actions.size())];
08: }
```

　それでは交互着手数字集め迷路を実行するプログラムを実装します（**コード5.1.6**）。whileループの中でプレイヤー1（1p）の行動→プレイヤー2（2p）の行動と繰り返し、ゲーム終了時点でどちらのプレイヤー視点になっているかによって勝敗の表示を切り替えます。

　15行目は1pの行動を反映するので、ここでstateは2p視点に切り替わります。そのため、21～34行目の勝敗判定では2p視点の勝敗判定を見てだれが勝ったか表示します。

　同様に、43行目は2pの行動を反映するので、ここでstateは1p視点に切り替わります。そのため、48～61行目の勝敗判定では1p視点の勝敗判定を見てだれが勝ったか表示します。

コード5.1.6　ゲームの実行（00_AlternateMazeState.cpp）

```
01: // ゲームを1回プレイしてゲーム状況を表示する
02: void playGame(const int seed)
03: {
04:     using std::cout;
05:     using std::endl;
06:     auto state = State(seed);
07:     cout << state.toString() << endl;
08:     while (!state.isDone())
09:     {
10:         // 1p
11:         {
12:             cout << "1p ------------------------------------" << endl;
13:             int action = randomAction(state);
14:             cout << "action " << action << endl;
15:             state.advance(action); // (a-1) ここで視点が入れ替わり、2p視点になる。
16:             cout << state.toString() << endl;
17:             if (state.isDone())
18:             {
19:
20:                 // (a-2) a-1で2P視点になっているので、WINなら2pの勝利
21:                 switch (state.getWinningStatus())
22:                 {
23:                 case (WinningStatus::WIN):
24:                     cout << "winner: "
25:                          << "2p" << endl;
26:                     break;
27:                 case (WinningStatus::LOSE):
28:                     cout << "winner: "
29:                          << "1p" << endl;
30:                     break;
31:                 default:
32:                     cout << "DRAW" << endl;
33:                     break;
34:                 }
35:                 break;
36:             }
37:         }
38:         // 2p
39:         {
40:             cout << "2p ------------------------------------" << endl;
41:             int action = randomAction(state);
42:             cout << "action " << action << endl;
43:             state.advance(action); // (b-1) ここで視点が入れ替わり、1p視点になる。
44:             cout << state.toString() << endl;
45:             if (state.isDone())
46:             {
47:                 // (b-2) b-1で2P視点になっているので、WINなら1pの勝利
48:                 switch (state.getWinningStatus())
49:                 {
50:                 case (WinningStatus::WIN):
51:                     cout << "winner: "
```

次ページへ続く

```
52:                        << "1p" << endl;
53:                    break;
54:                case (WinningStatus::LOSE):
55:                    cout << "winner: "
56:                        << "2p" << endl;
57:                    break;
58:                default:
59:                    cout << "DRAW" << endl;
60:                    break;
61:                }
62:                break;
63:            }
64:        }
65:    }
66: }
67:
68: int main()
69: {
70:     using std::cout;
71:     using std::endl;
72:     playGame(4121859904);
73:     return 0;
74: }
```

それではプログラムを実行します（**コマンド5.1.1**）。

コマンド5.1.1　ランダム行動でプレイ

```
> wsl ↵
$ cd sample_code/05_AlternateGame/ ↵
$ g++ -O3 -std=c++17 -o 00_AlternateMazeState 00_AlternateMazeState.cpp ↵
$ ./00_AlternateMazeState ↵
```

実行結果は**図5.1.1**のようになります。

図5.1.1　ランダム行動のプレイ結果

```
turn:   0
score(0):       0       y: 1 x: 0
score(1):       0       y: 1 x: 2
554
A7B
961


1p ----------------------------------
action 3
turn:   1
score(0):       5       y: 0 x: 0
score(1):       0       y: 1 x: 2
A54
.7B
```

次ページへ続く

```
961

2p ─────────────────────────────
action 1
turn:   2
score(0):       5       y: 0 x: 0
score(1):       7       y: 1 x: 1
A54
.B.
961

1p ─────────────────────────────
action 2
turn:   3
score(0):       5       y: 1 x: 0
score(1):       7       y: 1 x: 1
.54
AB.
961

2p ─────────────────────────────
action 0
turn:   4
score(0):       5       y: 1 x: 0
score(1):       7       y: 1 x: 2
.54
A.B
961

winner: 2p
```

出力を図にすると以下のようになります。

● ランダム行動のプレイ結果

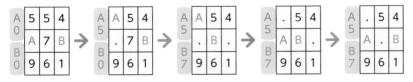

5.2.1 MiniMax 法の特徴と動作〜「神の一手」が打てます。そう、この手法ならね

　ここまで、一人ゲームに使えるアルゴリズムを紹介してきました。これまで同様、今回のゲームについても自分の行動だけを考慮した場合を考えてみましょう。自分がA、対戦相手がBだとして、Aが有利になる行動を考えます。

● 対戦相手の行動を無視した行動選択の例

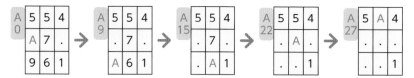

　敵プレイヤーBの位置はポイントのないただの床とし、4ターン連続でAが行動できるものとして考えます。この場合、「下、右、上、上」と進めばかなりの高得点を稼げます。

　しかし、実はこの方針には問題があります。

● 対戦相手の行動を考慮しないとできる問題点

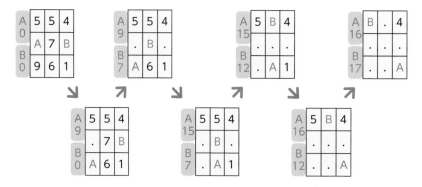

　たとえば、Aが1手目で下に進むと、Bが左に進んで中央の7を先に取得できてしまいます。元々Aは3手目で中央の7を取得する計画でしたが、相手の行動によって計画を邪魔されてしまった

形です。

　このように、自分の行動だけで将来の状況が決定しないゲームでは、外部要因も考慮した探索が必要となります。今回のような交互着手二人ゲームでは、自分と相手の行動それぞれを互いの立場に立って探索します。この節では、MiniMax法と呼ばれる探索アルゴリズムを紹介します。

　今回は2手先の盤面の状況を最適化する方法を考えます。まず、2手先まで、自分の行動も相手の行動も全て網羅したゲーム状況をゲーム木として示し、リーフノード[注1]の評価を計算します。

　今回は自分がAなので、「AのスコアーBのスコア」を評価値とすることでAがいかに有利でBがいかに不利かを評価します。

　ノードgを例とすると、Aのスコアが7、Bのスコアが0なので、評価値は7-0=7です。ノードhならAのスコアが7、Bのスコアが1なので、評価値は7-1=6です。これらは評価値が正なので、Aのほうが有利な状況であることを示します。

　一方で、ノードmの場合はAのスコアが5、Bのスコアが7なので、評価値は5-7=-2です。この場合、評価値が負なので、Aが不利な状況であることを示します。

● MiniMax法のリーフノードスコア計算

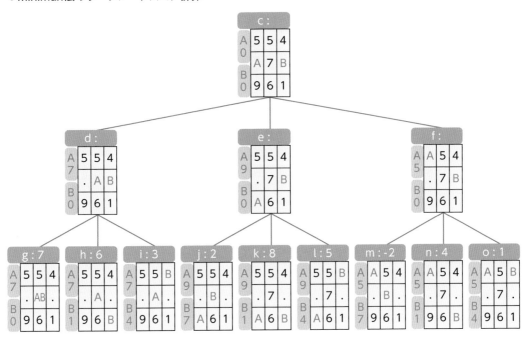

　対戦相手は対戦相手視点でより有利になる行動をしてくるはずなので、言い換えれば自分視点では評価の小さい盤面に進む行動をとるはずです。そのため、すでに計算済みの評価値が最小のノードに行きつく行動を相手がとると仮定します。ノード g, h, i の中では i の評価3が最小であるため、親ノード d の評価をノード i の3とします。これを、MiniMax 法では **Min 選択**と呼びます。

　同様に、ノード e の評価はノード j, k, l の最小評価である2、ノード f の評価はノード m, n, o の最小評価である -2 です。

● MiniMax 法の Min 選択

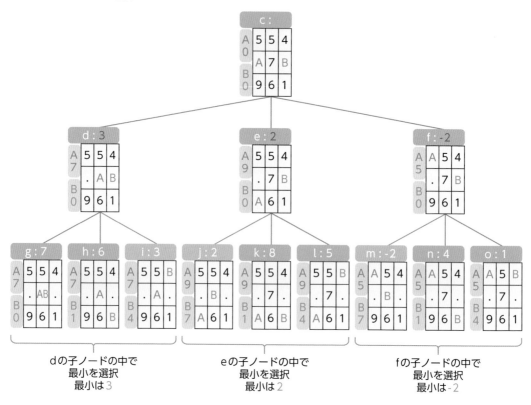

d の子ノードの中で
最小を選択
最小は 3

e の子ノードの中で
最小を選択
最小は 2

f の子ノードの中で
最小を選択
最小は -2

　自分は当然、自分にとって有利な行動をすればよいので、自分視点の評価が最大となる盤面に
進む行動をとります。ノードd, e, fの評価を決めたので、その中で最大となるノードdの評価値
をノードcの評価とします。これを**Max選択**と呼びます。これで、ノードcの盤面でプレイヤー
Aがとるべき行動は、ノードdに進める「右移動」だとわかります。

● MiniMax法のMax選択

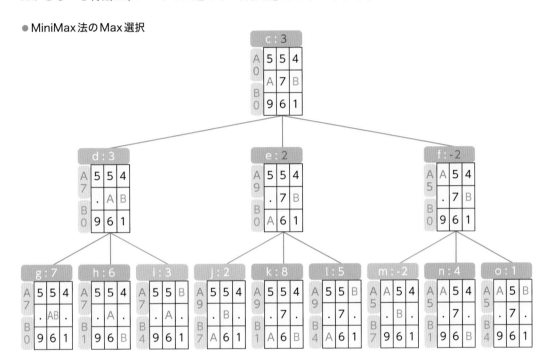

　このように、相手の行動は自分視点で評価最小に、自分の行動は自分視点で評価最大になる選
択をすると仮定して探索する手法がMiniMax法です。

　評価については、ゲームが終了するターンまで探索できるなら「勝ち」「引き分け」「負け」といっ
た明確なものを使用します。ゲーム終了までの全ての状態について探索するため、選択された行
動は**必ず最善手となります**。ただし、現実的にはゲーム終了ターンまで探索できることは多くあ
りません。

　そこで、途中盤面をゲーム性に応じて評価する関数を用意し、途中まで探索することを考えて
みます。今回の例では「Aのスコア - Bのスコア」を仮の評価値として説明しました。この方
法では、ゲーム終了まで探索しないため、最善手の保証はできません。しかし、評価値がある程
度確からしいのであれば、最善に近い手を選択できます。

　ゲーム性によって途中盤面の評価としてふさわしいものは何か、都度考えながらMiniMax法
を適用すると、よりよい行動選択ができるようになります。

5.2.2 MiniMax法の実装

盤面評価を実装する

　一人ゲームの貪欲法同様、MiniMax法でも盤面の評価を実装します（**コード5.2.1**）。

コード5.2.1　盤面評価の実装（01_MiniMax.cpp）

```
01: using ScoreType = int64_t;
02: constexpr const ScoreType INF = 1000000000LL;
03: class AlternateMazeState
04: {
05: public:
06:     // ［どのゲームでも実装する］：現在のプレイヤー視点の盤面評価をする
07:     ScoreType getScore() const
08:     {
09:         return characters_[0].game_score_ - characters_[1].game_score_;
10:     }
11: };
```

MiniMax法の本体を実装する

　MiniMax法本体の実装をします（**コード5.2.2**）。

　MiniMax法では盤面を再帰的に深く探索してスコアを計算するため、再帰関数によってスコアを計算します。スコア計算で再帰構造を使うために関数を切り出したので、行動選択のための関数は別で用意します。

　20, 37行目ではminiMaxScoreで求めた値の符号を逆転しています。先ほど説明した通り、advanceではプレイヤーの視点を入れ替えています。探索が進むたびに視点とスコアが逆転することで、「最大値の評価と最小値の評価を交互に繰り返す」処理を「常に最大値の評価をする」処理に置き換えられます。このように、MiniMax法を手番プレイヤー視点で評価して実装するテクニックをNegaMaxと呼びます。

コード5.2.2　MiniMax法の実装例（01_MiniMax.cpp）

```
01: namespace minimax
02: {
03:     // minimaxのためのスコア計算
04:     ScoreType miniMaxScore(const State &state, const int depth)
05:     {
06:         if (state.isDone() || depth == 0)
07:         {
08:             return state.getScore();
09:         }
10:         auto legal_actions = state.legalActions();
11:         if (legal_actions.empty())
12:         {
```

次ページへ続く

```
13:            return state.getScore();
14:        }
15:        ScoreType bestScore = -INF;
16:        for (const auto action : legal_actions)
17:        {
18:            State next_state = state;
19:            next_state.advance(action);
20:            ScoreType score = -miniMaxScore(next_state, depth - 1);
21:            if (score > bestScore)
22:            {
23:                bestScore = score;
24:            }
25:        }
26:        return bestScore;
27:    }
28:    // 深さを指定してminimaxで行動を決定する
29:    int miniMaxAction(const State &state, const int depth)
30:    {
31:        ScoreType best_action = -1;
32:        ScoreType best_score = -INF;
33:        for (const auto action : state.legalActions())
34:        {
35:            State next_state = state;
36:            next_state.advance(action);
37:            ScoreType score = -miniMaxScore(next_state, depth);
38:            if (score > best_score)
39:            {
40:                best_action = action;
41:                best_score = score;
42:            }
43:        }
44:        return best_action;
45:    }
46: }
47: using minimax::miniMaxAction;
```

ランダム行動と対戦する

MiniMax法とランダム行動でのプレイ状況を確認します（**コード5.2.3**）。

前節でrandomActionを呼び出していた部分の1p側をminiMaxActionに差し替えます。引数に探索の深さを指定しますが、今回はゲーム終了ターンを指定し、全探索できるようにします。

コード5.2.3　MiniMax法の使用（01_MiniMax.cpp）

```
01: // ゲームを1回プレイしてゲーム状況を表示する
02: void playGame(const int seed)
03: {
04: // ~略~
05:        // 1p
06:        {
```

次ページへ続く

```
07:             int action = miniMaxAction(state, /*depth*/ END_TURN);
08:         }
09: }
```

それでは実行してみましょう（**コマンド5.2.1**）。

コマンド5.2.1　MiniMax法とランダム行動の対戦を実行

```
> wsl ⏎
$ cd sample_code/05_AlternateGame/ ⏎
$ g++ -O3 -std=c++17 -o 01_MiniMax 01_MiniMax.cpp ⏎
$ ./01_MiniMax ⏎
```

実行結果は**図5.2.1**のようになります。

図5.2.1　MiniMax法vsランダム行動のプレイ結果

```
turn:    0
score(0):        0       y: 1 x: 0
score(1):        0       y: 1 x: 2
554
A7B
961

1p --------------------------------------
action 0
turn:    1
score(0):        7       y: 1 x: 1
score(1):        0       y: 1 x: 2
554
.AB
961

2p --------------------------------------
action 3
turn:    2
score(0):        7       y: 1 x: 1
score(1):        4       y: 0 x: 2
55B
.A.
961

1p --------------------------------------
action 3
turn:    3
score(0):       12       y: 0 x: 1
score(1):        4       y: 0 x: 2
5AB
...
961
```

次ページへ続く

```
2p ------------------------------------
action 2
turn:   4
score(0):      12     y: 0 x: 1
score(1):       4     y: 1 x: 2
5A.
..B
961

winner: 1p
```

実行結果を図で示すと以下のようになります。

ランダム行動同士の対戦ではプレイヤーBが勝っていましたが、今回はMiniMax法を使ったプレイヤーAが勝ちました。常にプレイヤーAはプレイヤーBの邪魔をする動きができているのがわかります。

● MiniMax法vsランダム行動のプレイ結果

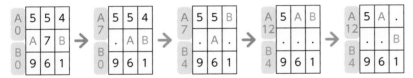

勝率を計算する

動作確認ができたので、次は勝率を確認します。まず、交互着手数字集め迷路のクラスに先手のプレイヤー視点での勝敗ポイントを計算するメソッドを用意します(**コード5.2.4**)。

コード5.2.4　先手スコア評価の実装(02_TestWinrate.cpp)

```
01: class AlternateMazeState
02: {
03: // ~略~
04: private:
05:     // 現在のプレイヤーが先手であるか判定する
06:     bool isFirstPlayer() const
07:     {
08:         return this->turn_ % 2 == 0;
09:     }
10: public:
11:     // [実装しなくてもよいが実装すると便利] :
12:     // 先手のプレイヤーの勝率計算のためのスコアを計算する
13:     double getFirstPlayerScoreForWinRate() const
14:     {
15:         switch (this->getWinningStatus())
16:         {
17:         case (WinningStatus::WIN):
```

次ページへ続く

```
18:            if (this->isFirstPlayer())
19:            {
20:                return 1.;
21:            }
22:            else
23:            {
24:                return 0.;
25:            }
26:        case (WinningStatus::LOSE):
27:            if (this->isFirstPlayer())
28:            {
29:                return 0.;
30:            }
31:            else
32:            {
33:                return 1.;
34:            }
35:        default:
36:            return 0.5;
37:        }
38:    }
39:
40: };
```

指定回数シードを変えて初期盤面を生成し、ゲームプレイして勝率を計算します（**コード5.2.5**）。交互着手ゲームの場合、ゲーム性によって先手のほうが有利だったり後手のほうが有利だったりします。先手と後手が偏ると平等な勝率計算ができないため、同じシードの盤面で先手後手を入れ替えて2回ゲームを行います。

これまでのようにrandomActionやminiMaxActionを呼び出すコードを直接書く実装方法の場合、先手後手の入れ替えなどがやや面倒です。そこで、std::functionの配列を引数でとる形にすることで、16〜20行目のようにループで簡単に先手後手の使用AIを入れ替えられます。

1行目の`std::function<int(const State &)>`は、State型を引数にとりint型の戻り値を返す関数を表し、関数を変数のように扱えるようにしています。勝率を表示する際、どちらのAIの勝率なのか見やすくするため、2行目のようにAI名の文字列とAIの関数型をペアで持つようにします。

コード5.2.5　先手スコア評価の実装(02_TestWinrate.cpp)

```
01: using AIFunction = std::function<int(const State &)>;
02: using StringAIPair = std::pair<std::string, AIFunction>;
03:
04: // ゲームをgame_number×2(先手後手を交代)回プレイしてaisの0番目のAIの勝率を表示する。
05: void testFirstPlayerWinRate(
06:     const std::array<StringAIPair, 2> &ais,
07:     const int game_number)
08: {
```

次ページへ続く

```
09:    using std::cout;
00:    using std::endl;
11:
12:    double first_player_win_rate = 0;
13:    for (int i = 0; i < game_number; i++)
14:    {
15:        auto base_state = State(i);
16:        for (int j = 0; j < 2; j++)
17:        { // 先手後手平等に行う
18:            auto state = base_state;
19:            auto &first_ai = ais[j];
20:            auto &second_ai = ais[(j + 1) % 2];
21:            while (true)
22:            {
23:                state.advance(first_ai.second(state));
24:                if (state.isDone())
25:                    break;
26:                state.advance(second_ai.second(state));
27:                if (state.isDone())
28:                    break;
29:            }
30:            double win_rate_point = state.getFirstPlayerScoreForWinRate();
31:            if (j == 1)
32:                win_rate_point = 1 - win_rate_point;
33:            if (win_rate_point >= 0)
34:            {
35:                state.toString();
36:            }
37:            first_player_win_rate += win_rate_point;
38:        }
39:        cout << "i " << i << " w " << first_player_win_rate / ((i + 1) * 2) << endl;
40:    }
41:    first_player_win_rate /= (double)(game_number * 2);
42:    cout << "Winning rate of " << ais[0].first << " to " << ais[1].first << ":\t"
43:         << first_player_win_rate << endl;
44: }
```

int randomAction(const State &state) と int miniMaxAction(const State &state, const int depth)では引数の型が違うため、同じstd::functionの形に合わせる必要があります。6〜7行目のようにラムダ式をはさむことで、引数をstateだけになるようにします（**コード5.2.6**）。

11行目でゲーム初期盤面を100種類に設定します。先手後手を入れ替えてゲームをするので、これで200戦分の勝率を計算します。

コード 5.2.6　勝率計算の呼び出し（02_TestWinrate.cpp）

```
01: int main()
02: {
03:     using std::cout;
04:     using std::endl;
05:     auto ais = std::array<StringAIPair, 2>{
06:         StringAIPair("miniMaxAction", [](const State &state)
07:                     { return miniMaxAction(state, END_TURN); }),
08:         StringAIPair("randomAction", [](const State &state)
09:                     { return randomAction(state); }),
10:     };
11:     testFirstPlayerWinRate(ais, 100);
12:     return 0;
13: }
```

それでは実行してみましょう（**コマンド5.2.2**）。

コマンド 5.2.2　勝率計算を実行

```
> wsl ↵
$ cd sample_code/05_AlternateGame/ ↵
$ g++ -O3 -std=c++17 -o 02_TestWinrate 02_TestWinrate.cpp ↵
$ ./02_TestWinrate ↵
```

　実行結果は**図5.2.2**のようになります。同じシードの先手後手の2戦が終わるたびにそれまでの累計の勝率を表示し、最後に最終結果を表示します。今回のケースでは、miniMaxActionがrandomActionに85.25％の勝率で勝っています。

　ここで、「MiniMax法が最善手を選択する手法なら、勝率は100％になるはずでは？」と疑問に感じた方もいるかもしれません。これは、ゲームの性質上、最善手を選び続けても先手と後手の差を取り返せないケースが存在するためです。今回は先手後手を平等に入れ替えてゲームをしているため、仮に最善手を選び続けるAI同士で対戦すれば勝率は50％になるはずです。これを基準に考えれば、85％という勝率はかなり高い値だと言えるでしょう。

図 5.2.2　MiniMax法の勝率計算の結果

```
i 0 w 0.5
i 1 w 0.75
i 2 w 0.666667
~略~
i 96 w 0.853093
i 97 w 0.854592
i 98 w 0.85101
i 99 w 0.8525
Winning rate of miniMaxAction to randomAction:  0.8525
```

5.3

AlphaBeta法

5.3.1 AlphaBeta法の特徴と動作 〜無駄は許さない！ MiniMax法の正統進化！

　ここまで、MiniMax法について説明しました。MiniMax法は指定した深さまでの全ての盤面をシミュレーションするため、強力である反面、計算時間が膨大にかかってしまう点がネックです。

　本節で紹介する**AlphaBeta法**は、MiniMax法に工夫を加えることで、MiniMax法と同じ性能を持ちながら計算時間を減らすことのできる手法です。

　たとえば次のような盤面を考えます。

● 交互着手数字集め迷路の初期状態2

4	2	3
A	7	B
6	.	9

（A0、B0のラベル付き）

COLUMN

MiniMax法とAlphaBeta法の関係

　本書で扱う探索アルゴリズムは、それぞれに長所と短所を持ち、要所要所で使い分けができるものが多いです。

　一方で、MiniMax法に対するAlphaBeta法は完全に同じ性能を持ちながら計算時間を減らすことができるため、完全上位互換と言えます。本書のような解説目的以外では、単純なMiniMax法を用いる理由は特にありません。

　なお、AlphaBeta法はさらなる効率化のテクニックが多数存在し、一部のテクニックを適用するとMiniMax法と同じ探索結果を保証できなくなります。本書では最も単純なAlphaBeta法のみを紹介します。

　まず、初期盤面から伸びるノードは3パターンありますが、1パターンのみ選択し、ノード d→gと進みます。gから伸びるリーフノード(l, m, n, o) 全てについて、盤面評価します。ここまでの手順はMiniMax法の途中の手順と同じです。

● AlphaBeta法、リーフノードの評価1

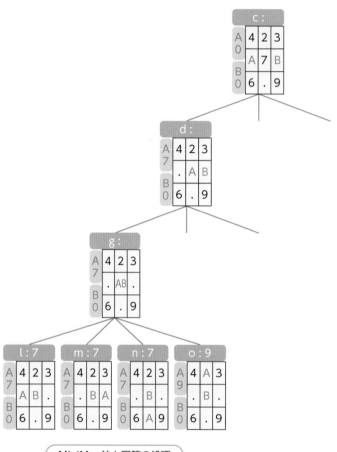

POINT　MiniMax法の説明では探索するゲーム木の全体図を説明しましたが、実際の手順では上図のように特定のノードから伸びたノードから順に探索をしていきます。このように、木の深いノードから順に探索していく手法を深さ優先探索(Depth First Search)と呼びます。AlphaBeta法では、この深さ優先探索の手順を一部スキップすることで高速化を図ります。

　盤面評価したノードからMax選択をします。l, m, n, oの中ではoのスコア9が最大なので、gのスコアを9にします。

● AlphaBeta法、Max選択1

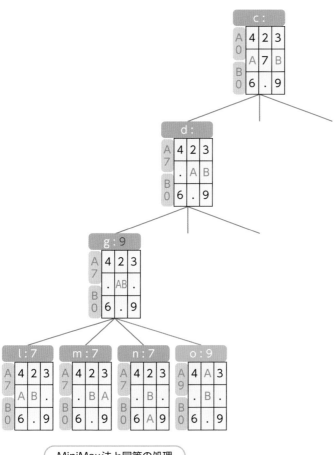

MiniMax法と同等の処理

　以降は図が大きいのでスコアだけ簡略して図示します。このままMiniMax法と同様の手順でリーフノードの評価とMax選択をします。p, q, r, sの中ではsのスコア0が最大なので、hのスコアを0にします。

● AlphaBeta法、評価とMax選択2

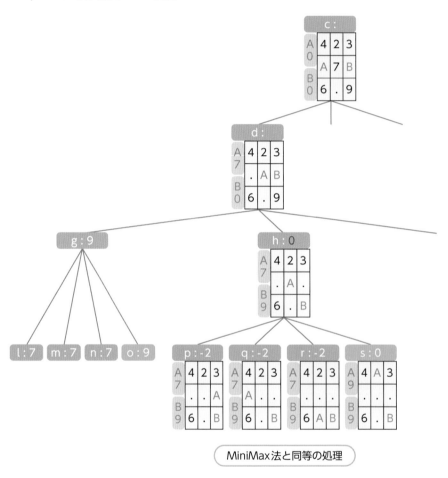

MiniMax法と同等の処理

　次の図で、iから伸びるノードは4つですが、tのスコアが4でした。iのスコアを決める際はiから伸びるノードの中でMax選択をすることになります。つまり、tのスコアが4だとわかった時点で、iのスコアが4以上だと確定します。

　ここでdのスコアについて考えます。dのスコアを決める際はdから伸びるノードg, h, iの中でMin選択をするため、スコア決定済みの中で最小であるhのスコア0以下であることが確定しています。よって、iが0より小さくならない限り、iの正確なスコアを計算する必要がありません。tが0以上なので、iから伸びるノードはこれ以上評価する必要がありません。このように、あるスコアがある値以上になることで、探索を打ち切ることを**βカット**と呼びます。

● AlphaBeta法、評価とβカット

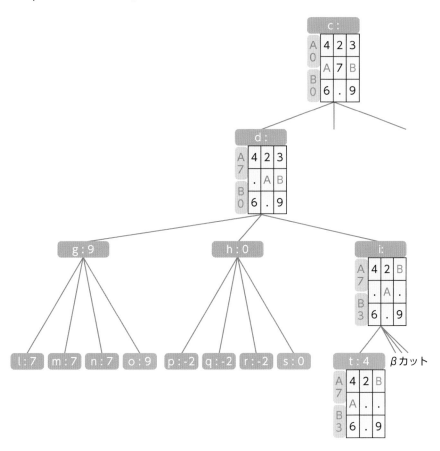

　続いて、dのスコアをMin選択により0に決定します。iのノードはβカットが生じているので無視してよいです。

● AlphaBeta法、Min選択1

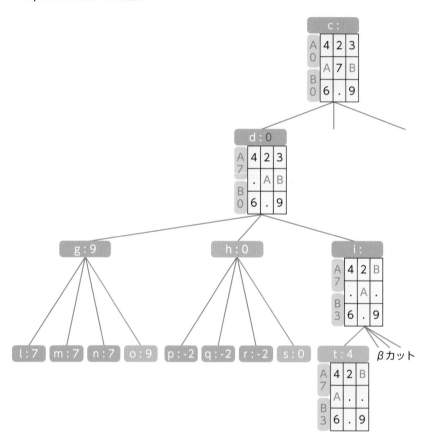

次の図のように、eから伸びるノードを探索します。

u, vからMax選択し、jのスコアは-1になりました。ここで、eのスコアを決める際はeから伸びるノードの中でMin選択をすることになります。よって、jのスコアが-1なので、eのスコアが-1以下だと確定します。cのスコアはcから伸びるノードの中で最大のものを選択するため、探索済みのdのスコアである0以上です。jが0以下なので、これ以上eから伸びるノードを探索してもeのスコアが選択されることはありません。そのため、eから伸びるノードは探索を打ち切ってよいです。

このように、あるスコアがある値以下になることで、探索を打ち切ることを**αカット**と呼びます。

● AlphaBeta法、評価とMax選択とαカット1

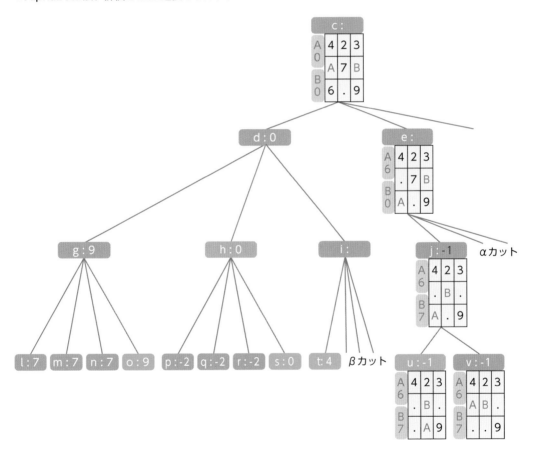

　続いてfから伸びるノードを探索します。kのスコアが-1で、dのスコア以下なのでここでもα
カットができます。

● AlphaBeta法、評価とMax選択とαカット2

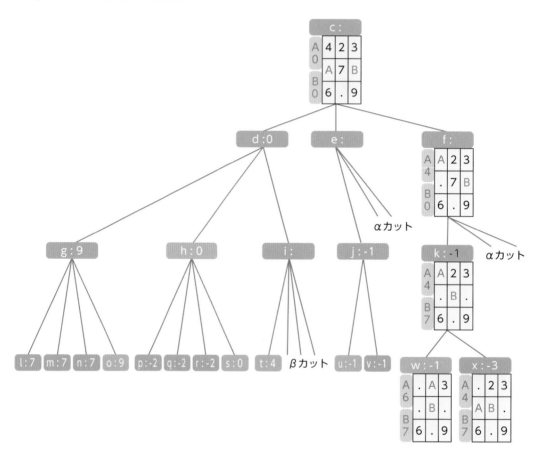

　e, fから伸びるノードは探索を打ち切ったため、ノードdに進む行動を選択して終了です。miniMax法と比較して、αカットやβカットが生じた分だけ探索回数が減っていることがわかります。

● AlphaBeta法、最終選択

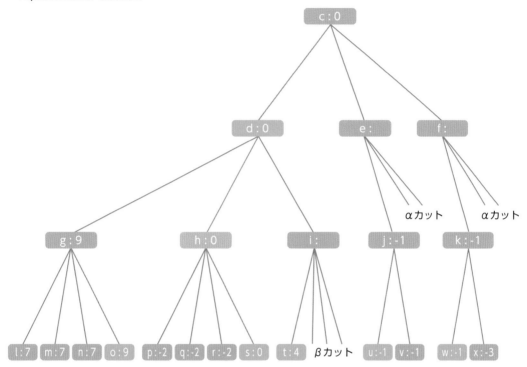

5.3.2 AlphaBeta法の実装

　AlphaBeta法の実装をします（**コード5.3.1**）。「再帰関数で盤面のスコアを計算する」→「高いスコアの盤面に進める行動を選択する」という基本的な流れはMiniMaxと同じです。

スコア計算を実装する

　miniMaxScoreの代わりに用意したalphabetaScoreには、追加引数としてalpha, betaを用意します。alphaは現在探索している盤面の手番プレイヤー視点でのベストスコア、betaは現在探索している盤面の相手プレイヤー視点でのベストスコアです。miniMaxScore同様、23行目のように、スコアに-1をかけて再帰呼び出しをします。呼び出しのたびに視点を切り替えるため、次のノードでのalphaは自分視点の-beta、次のノードでのbetaは自分視点の-alphaとなる点に注

意してください。

　alphaは現在の手番プレイヤーのベストスコアなので、スコアがalphaより高くなるたびに更新します。betaは親ノード視点でのベストスコアなので、スコアがbetaより高くなった時点でalphaを返して探索を打ち切ります。NegaMaxと同様、常に手番プレイヤー視点で探索することで、βカットのみを考慮すればよいです。この実装テクニックをNegaAlphaと呼びます。

コード 5.3.1　AlphaBeta法の実装例(03_AlphaBeta.cpp)

```cpp
01: namespace alphabeta
02: {
03:     // alphabetaのためのスコア計算
04:     ScoreType alphaBetaScore(
05:         const State &state,
06:         ScoreType alpha,
07:         const ScoreType beta,
08:         const int depth)
09:     {
10:         if (state.isDone() || depth == 0)
11:         {
12:             return state.getScore();
13:         }
14:         auto legal_actions = state.legalActions();
15:         if (legal_actions.empty())
16:         {
17:             return state.getScore();
18:         }
19:         for (const auto action : legal_actions)
20:         {
21:             State next_state = state;
22:             next_state.advance(action);
23:             ScoreType score = -alphaBetaScore(next_state, -beta, -alpha, depth - 1);
24:             if (score > alpha)
25:             {
26:                 alpha = score;
27:             }
28:             if (alpha >= beta)
29:             {
30:                 return alpha;
31:             }
32:         }
33:         return alpha;
34:     }
35:     // 深さを指定してalphabetaで行動を決定する
36:     int alphaBetaAction(const State &state, const int depth)
37:     {
38:         ScoreType best_action = -1;
39:         ScoreType alpha = -INF;
40:         ScoreType beta = INF;
41:         for (const auto action : state.legalActions())
42:         {
43:             State next_state = state;
```

次ページへ続く

```
44:            next_state.advance(action);
45:            ScoreType score = -alphaBetaScore(next_state, -beta, -alpha, depth);
46:            if (score > alpha)
47:            {
48:                best_action = action;
49:                alpha = score;
50:            }
51:        }
52:        return best_action;
53:    }
54: }
55: using alphabeta::alphaBetaAction;
```

勝率を計算する

AlphaBeta法とMiniMax法を対戦させて勝率計算します（**コード5.3.2**）。

コード5.3.2　AlphaBeta法のMiniMax法に対する勝率計算（03_AlphaBeta.cpp）

```
01: int main()
02: {
03:    // ～略～
04:    auto ais = std::array<StringAIPair, 2>{
05:        StringAIPair("alphaBetaAction", [](const State &state)
06:                    { return alphaBetaAction(state, END_TURN); }),
07:        StringAIPair("miniMaxAction", [](const State &state)
08:                    { return miniMaxAction(state, END_TURN); }),
09:    };
10:    testFirstPlayerWinRate(ais, 100);
11:    return 0;
12: }
```

それでは実行してみましょう（**コマンド5.3.1**）。

コマンド5.3.1　AlphaBeta法とMiniMax法の対戦

```
> wsl ⏎
$ cd sample_code/05_AlternateGame/ ⏎
$ g++ -O3 -std=c++17 -o 03_AlphaBeta 03_AlphaBeta.cpp ⏎
$ ./03_AlphaBeta ⏎
```

AlphaBeta法のMiniMax法に対する勝率は50％でした（**図5.3.1**）。AlphaBeta法はMiniMax法と同等の出力をするアルゴリズムですので、指定する深さが同じであれば勝率が50％になるのは妥当と言えます。

図5.3.1　AlphaBeta法 vs MiniMax法のプレイ結果

```
～略～
Winning rate of alphaBetaAction to miniMaxAction:      0.5
```

速度を比較する

　出力が同じというだけではAlphaBeta法のよさがわかりませんね。MiniMax法と比べてどの程度速いのか確認してみましょう（**コード5.3.3**）。

　まず、同条件で計算時間を計測するため、指定個数のゲーム盤面の配列を生成する関数を実装します。シードを変えてコンストラクタを呼び出すだけでも盤面生成はできますが、ターンが進んだ状態も含めたほうが実情に合っています。そこで、ランダムなターンまでランダムに進めるように実装します。

コード5.3.3　サンプル盤面の生成（04_TestSpeed.cpp）

```
01: std::vector<State> getSampleStates(const int game_number)
02: {
03:     std::mt19937 mt_for_construct(0);
04:     std::vector<State> states;
05:     for (int i = 0; i < game_number; i++)
06:     {
07:         auto state = State(mt_for_construct());
08:         int turn = mt_for_construct() % END_TURN;
09:         for (int t = 0; t < turn; t++)
10:         {
11:             state.advance(randomAction(state));
12:         }
13:         states.emplace_back(state);
14:     }
15:     return states;
16: }
```

　サンプル盤面を作り終えたら、AIが全ての盤面を処理するまでにかかる時間を計算する関数を実装します（**コード5.3.4**）。

コード5.3.4　サンプル盤面全てを処理するまでの計算時間の出力（04_TestSpeed.cpp）

```
01: void calculateExecutionSpeed(const StringAIPair &ai, const std::vector<State> &states)
02: {
03:     using std::cout;
04:     using std::endl;
05:     auto start_time = std::chrono::high_resolution_clock::now();
06:     for (const auto &state : states)
07:     {
08:         ai.second(state);
09:     }
10:     auto diff = std::chrono::high_resolution_clock::now() - start_time;
11:     auto time = std::chrono::duration_cast<std::chrono::milliseconds>(diff).count();
12:     cout << ai.first << " take " << time << " ms to process "
13:         << states.size() << " nodes" << endl;
14: }
```

処理時間計測を呼び出すmain関数を実装します（**コード5.3.5**）。ゲームの状態空間が狭すぎるとAlphaBeta法とMiniMax法の計算時間に差がつきにくいため、END_TURNを10に変更します。

コード5.3.5　各AIの処理時間計測（04_TestSpeed.cpp）

```
01: constexpr int END_TURN = 10; // ゲーム終了ターン
02: // ~略~
03: int main()
04: {
05:     using std::cout;
06:     using std::endl;
07:     auto states = getSampleStates(100);
08:     calculateExecutionSpeed(
09:         StringAIPair("alphaBetaAction", [](const State &state)
10:                     { return alphaBetaAction(state, END_TURN); }),
11:         states);
12:     calculateExecutionSpeed(
13:         StringAIPair("miniMaxAction", [](const State &state)
14:                     { return miniMaxAction(state, END_TURN); }),
15:         states);
16:     return 0;
17: }
```

それでは実行してみましょう（**コマンド5.3.2**）。

コマンド5.3.2　処理時間の計測

```
> wsl ⏎
$ cd sample_code/05_AlternateGame/ ⏎
$ g++ -O3 -std=c++17 -o 04_TestSpeed 04_TestSpeed.cpp ⏎
$ ./04_TestSpeed ⏎
```

AlphaBeta法の処理時間は20ms、MiniMax法の処理時間は124msという結果になりました（**図5.3.2**）。たしかに、AlphaBeta法はMiniMax法より有意に速いと言えそうです。

なお、今回は**END_TURN = 10**として実験しましたが、深さを変えると結果は大きく変わるはずです。気になる方はEND_TURNの値を変えながら実験してみてください。

図5.3.2　AlphaBeta法 vs MiniMax法のプレイ結果

```
alphaBetaAction take 20 ms to process 100 nodes
miniMaxAction take 124 ms to process 100 nodes
```

5.4

反復深化
[Iterative Deepening]

5.4.1 反復深化の特徴と動作
〜時間を無駄にしない！最適な木の深さを見つけよう！

　AlphaBeta法では深さを固定して探索をしましたが、一人ゲーム同様、実用的には探索にあてられる時間が決まっていることが多いです。このような場合には、深さ1で探索し、時間があれば深さ2で探索する……と、少しずつ深さの上限を増やしながら時間いっぱいまで探索を繰り返すことが有効です。この手法を**反復深化**と呼びます。

　深さNの探索をした時点で、これまで行ってきた深さN-1以下の探索については無駄になりますが、深さに応じて探索時間は指数的に伸びるため、このことによって生じる無駄な時間は無視してよいほど少ないです。

5.4.2 反復深化の実装

盤面の大きさを変更する

　まず、時間計測が必要となるため、一人ゲームの章で実装したTimeKeeperクラスを用意します（P.49参照）。

　次に、深さの違いで勝敗がつきやすくなるよう、盤面の大きさを変更します（**コード5.4.1**）。

コード5.4.1　ゲーム設定の変更（05_IterativeDeepening.cpp）

```
01: constexpr const int H = 5;      // 迷路の高さ
02: constexpr const int W = 5;      // 迷路の幅
03: constexpr int END_TURN = 10;  // ゲーム終了ターン
```

制限時間を設ける

　AlphaBeta法に制限時間を設ける実装をします（**コード5.4.2**）。

コード5.4.2　AlphaBeta法に制限時間を設ける実装（05_IterativeDeepening.cpp）

```
01: namespace iterativedeepening
02: {
03:     // 制限時間が切れた際に停止できるalphabetaのためのスコア計算
```

次ページへ続く

```
04:     ScoreType alphaBetaScore(
05:         const State &state,
06:         ScoreType alpha,
07:         const ScoreType beta,
08:         const int depth,
09:         const TimeKeeper &time_keeper)
10:     {
11:         if (time_keeper.isTimeOver())
12:             return 0;
13:         // ~略~
14:         for (const auto action : legal_actions)
15:         {
16:             // ~略~
17:             if (time_keeper.isTimeOver())
18:                 return 0;
19:         }
20:         return alpha;
21:     }
22:     // 深さと制限時間(ms)を指定してalphabetaで行動を決定する
23:     int alphaBetaActionWithTimeThreshold(
24:         const State &state,
25:         const int depth,
26:         const TimeKeeper &time_keeper)
27:     {
28:         // ~略~
29:         for (const auto action : state.legalActions())
30:         {
31:             // ~略~
32:             if (time_keeper.isTimeOver())
33:                 return 0;
34:         }
35:         return best_action;
36:     }
37: }
```

反復深化を実装する

反復深化のメイン実装をします（**コード5.4.3**）。

10行目でalphaBetaActionWithTimeThresholdを呼びますが、制限時間を超過している場合、ここに入るactionは必ず0です。この時、12～15行目のifのスコープに入るため、best_actionが更新されずにループを抜けます。そのため、制限時間が超過していない時に計算したactionでのみbest_actionが更新されます。

コード5.4.3　反復深化の実装(05_IterativeDeepening.cpp)

```
01: namespace iterativedeepening
02: {
03:     // 制限時間(ms)を指定して反復深化で行動を決定する
04:     int iterativeDeepeningAction(const State &state, const int64_t time_threshold)
05:     {
```

次ページへ続く

```
06:        auto time_keeper = TimeKeeper(time_threshold);
07:        int best_action = -1;
08:        for (int depth = 1;; depth++)
09:        {
10:            int action = alphaBetaActionWithTimeThreshold(state, depth, time_keeper);
11:
12:            if (time_keeper.isTimeOver())
13:            {
14:                break;
15:            }
16:            else
17:            {
18:                best_action = action;
19:            }
20:        }
21:        return best_action;
22:    }
23: }
24: using iterativedeepening::iterativeDeepeningAction;
```

勝率を計算する

100 ms制限で反復深化した場合と1 ms制限で反復深化した場合の勝率を計算してみます（**コード5.4.4**）。

コード5.4.4　反復深化の呼び出しの実装(05_IterativeDeepening.cpp)

```
01: int main()
02: {
03:     using std::cout;
04:     using std::endl;
05:     auto ais = std::array<StringAIPair, 2>{
06:         StringAIPair("iterativeDeepeningAction 100", [](const State &state)
07:                     { return iterativeDeepeningAction(state, 100); }),
08:         StringAIPair("iterativeDeepeningAction 1", [](const State &state)
09:                     { return iterativeDeepeningAction(state, 1); }),
10:     };
11:     testFirstPlayerWinRate(ais, 100);
12:
13:     return 0;
14: }
```

それでは実行してみましょう（**コマンド5.4.1**）。

コマンド5.4.1　反復深化の勝率を計算

```
> wsl ⏎
$ cd sample_code/05_AlternateGame/ ⏎
$ g++ -O3 -std=c++17 -o 05_IterativeDeepening 05_IterativeDeepening.cpp ⏎
$ ./05_IterativeDeepening ⏎
```

100ms制限の反復深化は1ms制限の反復深化に66.5%の勝率で勝利できました（**図5.4.1**）。探索の深さが変わる程度の差があれば、かける時間が多いほど反復深化は強くなります。

図5.4.1　反復深化100ms vs 1msのプレイ結果

```
i 0 w 0.5
i 1 w 0.625
i 2 w 0.583333
~略~
i 96 w 0.659794
i 97 w 0.663265
i 98 w 0.666667
i 99 w 0.665
Winning rate of iterativeDeepeningAction 100 to iterativeDeepeningAction 1:      0.665
```

今回は100ms制限と1ms制限で比較しましたが、制限時間を変えるとどの程度の差が出るか、設定を変えながら実行してみると理解が深まります。気になる方はぜひ試してみましょう。

> **POINT**　多くのゲームで、浅い探索での解が深い探索での解となる可能性が高いという性質があります。この性質を利用し、浅い探索結果でノードを評価の高い順に並べ替えてから深い探索を行うことでβカットを早期に発生させるテクニックがあります。本書では扱いませんが、多くの場合、反復深化はこのテクニックと組み合わせて活用されます。

5

5.5

原始モンテカルロ法

5.5.1　原始モンテカルロ法の特徴と動作
〜盤面評価不要! 勝率のよい手を選べ!

　本章ではここまで、MiniMax法とその派生形の手法を説明してきました。MiniMax法系統の手法は、途中盤面を適切に評価できればかなり強力な手法です。一方で、ゲームによっては途中盤面を評価すること自体が難しい場合があります。そこで、盤面評価なしでも利用できる探索手法として**原始モンテカルロ法**を紹介します。

　まず、自分も相手もランダムに行動する、という手順をゲーム終了まで繰り返します。すると、勝ちか負けか引き分けのいずれかの結果を得られます。この、ゲーム終了までの1シミュレーション単位を**プレイアウト**[注2]と呼びます。

COLUMN

モンテカルロ法とラスベガス法

　名前から察することもできますが、原始モンテカルロ法は**モンテカルロ法**と呼ばれる手法の一種です。

　モンテカルロ法は、乱数を用いて数値計算する手法、特に、必ず正しい解が得られるとは限らない代わりに指定した時間内に終わることが保証される手法です。情報工学の教科書などには、円周率をランダムに求める解法などがよく記載されています。

　対照的に、時間がどれだけかかるかは未知数な代わりに解が必ず正しくなる乱択アルゴリズムを**ラスベガス法**と呼びます。モンテカルロもラスベガスも、カジノで有名な地名ですね。解の精度を運任せにするモンテカルロ法、実行速度を運任せにするラスベガス法、どちらも賭け事のようですね。

注2　特に、互いがランダムに行動するシミュレーションでのプレイアウトをランダムプレイアウトと呼びます。本書では説明なしにプレイアウトと言えばランダムプレイアウトの意味で扱います。

　たとえば次の図では、Aが右移動、Bが左移動、Aが下移動という手順でAが勝利しました。このように1回のプレイアウトが終わるたびに、1手目の行動選択に対して**累計価値**と**試行回数**を記録します。累計価値は「勝ち:1、引き分け:0.5、負け:0」と記録することにします。今回はAが勝ったので「累計価値w = 0+1 = 1」、「試行回数n = 0+1 = 1」です。

● 原始モンテカルロ法、プレイアウト1

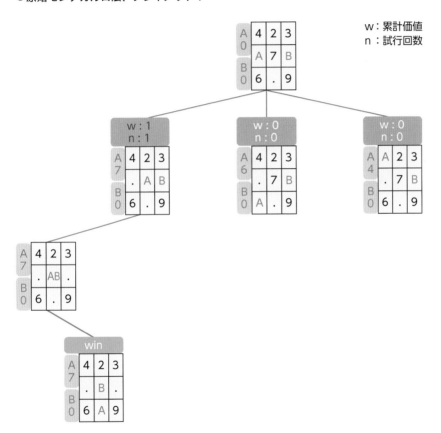

> **POINT**　本書ではプレイアウト結果を「勝ち:1、引き分け:0.5、負け:0」として累計価値に加算しましたが、「勝ち:1、引き分け:0、負け:-1」とする文献もあります。本書のようにプレイアウト結果を「勝ち:1、引き分け:0.5、負け:0」とした場合、累計価値を試行回数で割った値が0〜1の範囲をとるため、直感的に勝率のように扱いやすくなります。

　もう一度プレイアウトすると今度はAが下移動、Bが下移動、Aが上移動という手順でAが敗北しました。Aが下移動から始まるプレイアウトは初めてだったため、「累計価値w = 0＋0 = 0」、「試行回数n = 0＋1 = 1」で0/1と記録します。

● 原始モンテカルロ法、プレイアウト2

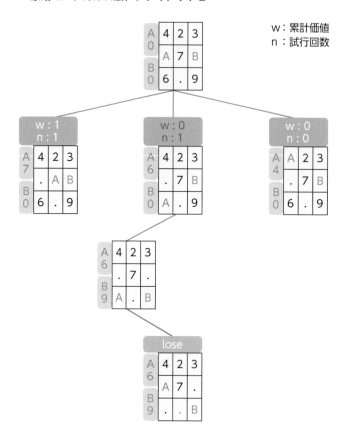

　これを指定回数だけ繰り返すと、合法手全てに対して累計価値と試行回数が記録された状態になります。合法手を試行回数で割れば勝率が計算できます。次の図では、w/n=0.9のノードが最も勝率が高いため、このノードに進む行動を選択します。このように、ランダムにプレイアウトを何度も繰り返し、その勝率を用いて行動を選択する手法が原始モンテカルロ法です。

● 原始モンテカルロ法、最終結果

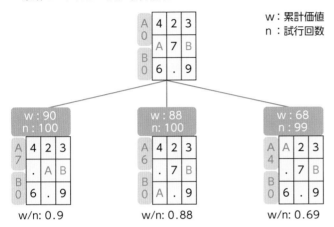

w：累計価値
n：試行回数

w/n: 0.9　　　　w/n: 0.88　　　　w/n: 0.69

　盤面の価値は勝率によってのみ決まるため、自分で盤面の評価を考える必要もありません。具体的にプレイアウトを何回しないと結果が出せないという手法でもないため、手軽にそれらしいAIがほしい時に便利な手法です。

5.5.2 原始モンテカルロ法の実装

プレイアウトする関数を実装する

　まず、Stateのポインタを引数にとり、最後までプレイアウトする関数playoutを実装します（コード5.5.1）。引数をポインタにするのは、再帰中のStateのコピーコストを軽減するためです。元のStateが更新されると困るため、再帰に入る前にはStateをディープコピーしてから呼び出すよう注意してください。

　18行目で再帰呼び出しをしながら勝ち数を返していますが、advanceでプレイヤーの視点が切り替わるため、勝ち数も次の視点に対応する加工をしています。

コード5.5.1　プレイアウトの実装（06_PrimitiveMontecarlo.cpp）

```
01: namespace montecarlo
02: {
03:     // ランダムプレイアウトをして勝敗スコアを計算する
04:     double playout(State *state)
05:     {
06:         // const&にすると再帰中にディープコピーが必要になるため、
07:         // 高速化のためポインタにする。（constでない参照でも可）
08:         switch (state->getWinningStatus())
09:         {
10:         case (WinningStatus::WIN):
11:             return 1.;
```

次ページへ続く

```
12:        case (WinningStatus::LOSE):
13:            return 0.;
14:        case (WinningStatus::DRAW):
15:            return 0.5;
16:        default:
17:            state->advance(randomAction(*state));
18:            return 1. - playout(state);
19:        }
20:    }
21: }
```

原始モンテカルロ法を実装する

　原始モンテカルロ法を実装します(**コード5.5.2**)。

　11行目では、完全にランダムで実装すると試行回数が不平等になるため、1手目に関しては順番に探索するように調整しています。15, 16行目で、合法手それぞれに勝ち数の合計と試行回数を記録します。22行目のように、勝ち数の合計を試行回数で割ることで、各合法手の勝率が計算できます。

　後は最も勝率が高い合法手を選択すればよいです。

コード5.5.2　原始モンテカルロ法の実装(06_PrimitiveMontecarlo.cpp)

```
01: namespace montecarlo
02: {
03:     // プレイアウト回数を指定して原始モンテカルロ法で行動を決定する
04:     int primitiveMontecarloAction(const State &state, int playout_number)
05:     {
06:         auto legal_actions = state.legalActions();
07:         auto values = std::vector<double>(legal_actions.size());
08:         auto cnts = std::vector<double>(legal_actions.size());
09:         for (int cnt = 0; cnt < playout_number; cnt++)
10:         {
11:             int index = cnt % legal_actions.size();
12:
13:             State next_state = state;
14:             next_state.advance(legal_actions[index]);
15:             values[index] += 1. - playout(&next_state);
16:             ++cnts[index];
17:         }
18:         int best_action_index = -1;
19:         double best_score = -INF;
20:         for (int index = 0; index < legal_actions.size(); index++)
21:         {
22:             double value_mean = values[index] / cnts[index];
23:             if (value_mean > best_score)
24:             {
25:                 best_score = value_mean;
26:                 best_action_index = index;
27:             }
```

次ページへ続く

```
28:        }
29:        return legal_actions[best_action_index];
30:    }
31: }
32: using montecarlo::primitiveMontecarloAction;
```

ランダム行動と対戦する

プレイアウト数3000の原始モンテカルロ法とランダム行動の対戦をしてみます（**コード5.5.3**、**コマンド5.5.1**）。

コード5.5.3　原始モンテカルロ法の呼び出しの実装(06_PrimitiveMontecarlo.cpp)

```
01: int main()
02: {
03:     using std::cout;
04:     using std::endl;
05:     auto ais = std::array<StringAIPair, 2>{
06:         StringAIPair("primitiveMontecarloAction 3000", [](const State &state)
07:                      { return montecarlo::primitiveMontecarloAction(state, 3000); }),
08:         StringAIPair("randomAction", [](const State &state)
09:                      { return randomAction(state); }),
10:     };
11:     testFirstPlayerWinRate(ais, 100);
12:     return 0;
13: }
```

コマンド5.5.1　プログラムのコンパイルと実行

```
> wsl 
$ cd sample_code/05_AlternateGame/ 
$ g++ -O3 -std=c++17 -o 06_PrimitiveMontecarlo 06_PrimitiveMontecarlo.cpp 
$ ./06_PrimitiveMontecarlo 
```

プレイアウト数3000の原始モンテカルロ法はランダム行動に86％の勝率で勝利できました（**図5.5.1**）。

図5.5.1　原始モンテカルロ法 vs ランダム行動のプレイ結果

```
i 0 w 1
i 1 w 1
i 2 w 0.833333
~略~
i 96 w 0.85567
i 97 w 0.857143
i 98 w 0.858586
i 99 w 0.86
Winning rate of primitiveMontecarloAction 3000 to randomAction: 0.86
```

試行回数を変更して強さを比較する

次に、原始モンテカルロ法の試行回数を変えた場合の強さの比較をしてみましょう（**コード5.5.4**）。プレイアウト数3000の原始モンテカルロ法とプレイアウト数30の原始モンテカルロ法の対戦をしてみます（**コマンド5.5.2**）。

コード5.5.4 原始モンテカルロ法のプレイアウト数比較（07_PrimitiveMontecarloPlayoutNumber.cpp）

```
01: int main()
02: {
03:     using std::cout;
04:     using std::endl;
05:     auto ais = std::array<StringAIPair, 2>{
06:         StringAIPair("primitiveMontecarloAction 3000", [](const State &state)
07:                     { return montecarlo::primitiveMontecarloAction(state, 3000); }),
08:         StringAIPair("primitiveMontecarloAction 30", [](const State &state)
09:                     { return montecarlo::primitiveMontecarloAction(state, 30); }),
10:     };
11:     testFirstPlayerWinRate(ais, 100);
12:     return 0;
13: }
```

コマンド5.5.2 試行回数を変更して対戦

```
> wsl ↵
$ cd sample_code/05_AlternateGame/ ↵
$ g++ -O3 -std=c++17 -o 07_PrimitiveMontecarloPlayoutNumber \
                    07_PrimitiveMontecarloPlayoutNumber.cpp ↵
$ ./07_PrimitiveMontecarloPlayoutNumber ↵
```

プレイアウト数3000の原始モンテカルロ法はプレイアウト数30の原始モンテカルロ法に52％の勝率で勝利できました（**図5.5.2**）。プレイアウト数が多いほうが強くなっていそうですが、大きな差とは言えません。

図5.5.2 原始モンテカルロ法（3000プレイアウト）vs 原始モンテカルロ法（30プレイアウト）のプレイ結果

```
i 0 w 1
i 1 w 0.75
i 2 w 0.666667
～略～
i 96 w 0.520619
i 97 w 0.520408
i 98 w 0.520202
i 99 w 0.52
Winning rate of primitiveMontecarloAction 3000 to primitiveMontecarloAction 30: 0.52
```

5.6

MCTS
[モンテカルロ木探索]

5.6.1 MCTSの特徴と動作
～敵を侮るな! 強者同士の勝負をシミュレーション!

　原始モンテカルロ法を用いた実験では、プレイアウト回数を増やしても強さにさほど影響はありませんでした。プレイアウト回数が増えれば増えるほど、結果は信頼に足るものになっていきそうですが、なぜ期待する結果が得られなかったのでしょうか。

　原始モンテカルロ法では完全ランダムな行動をする前提でシミュレーションをしていました。これは言い換えれば、相手が自分にとって都合のよい選択も悪い選択も等確率で実行すると考えているのと同じです。このように非現実なシミュレーションを何度も実行したところで、よい選択はできません。

　そこで、原始モンテカルロ法にさらなる工夫、**選択**と**展開**を加え、よりよいシミュレーションを行えるようにする**MCTS(モンテカルロ木探索)**について解説します。

　まずは選択について説明します。原始モンテカルロ法同様、累計価値と試行回数を記録し、勝率を計算します。たとえば次の図のような状態になったとしましょう。

● MCTS、UCB1 評価による選択 1

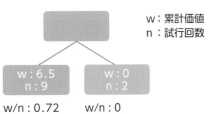

w：累計価値
n：試行回数

w：6.5　　　w：0
n：9　　　　n：2

w/n：0.72　w/n：0
UCB1：1.47　UCB1：1.55

　左のノードは9回試行して勝率72%、右のノードは2回試行して勝率0%です。原始モンテカルロ法では、勝率が高い左のノードを選びたくなりますね。しかし、左のノードはすでに9回も試行しており、右のノードはまだ2回しか選択していません。たった2回の試行では、右のノードが本当に左のノードよりも悪いとは言い切れそうにありません。

　そこで、「どれくらい探索していないか」という指標を用意し、その指標と勝率のバランスをとっ

た上で、どちらのノードを選択するか決定します。

$$UCB1 = \frac{w}{n} + C\sqrt{\frac{2\,ln(t)}{n}} \quad \text{※}\,ln(t) = log_e(t),\ t = 全ノードの\,n\,の総和$$

勝率を示す $\frac{w}{n}$ とバイアス（探索していない度合い）を示す $\sqrt{\frac{2\,ln(t)}{n}}$ を重み C 付きで足す、この指標を **UCB1**(Upper Confidence Bound 1) と呼びます[注3]。

バイアス $\sqrt{\frac{2\,ln(t)}{n}}$ の計算に使用する変数で、ノード間で値が異なるのは分母の n だけです。そのため、n が小さいほどバイアスは大きく、n が大きいほどバイアスは小さくなるということです。つまり、あまり探索していないノードではバイアスが高くなります。よって、UCB1を比較することで、勝率とバイアスのバランスのよい探索が可能となります。このように、どのノードを探索するかを決定する部分を「選択」と呼びます。

なお、定数 C の値の決め方にルールはないため、どの程度バイアスを重視したいかは、ゲーム性を考慮しつつご自身で考えてみてください。

先ほどの図では右のノードのほうがUCB1の値が高いため、右のノードを選択してプレイアウトします。右のノードからプレイアウトした結果、引き分けだったとします。そうすると右のノードがw=0+0.5=0.5、n=2+1=3となりました。

● MCTS、UCB1評価による選択2

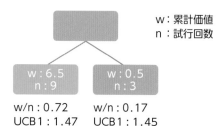

この時点でUCB1を計算すると、左のノードのほうが高くなるため、今度は左のノードを選択します。さて、左のノードはすでに9回も探索しているので、次で10回目になります。

ここで「展開」の説明をします。このまま1手目の記録をつけていても、2手目以降はランダムなシミュレーションをしている点に変わりありません。2手目以降も相手、自分、それぞれが賢い行動をするシミュレーションをしたいです。そこで、試行回数が閾値を超えたノードについては、1手先の合法手で進められる全てのノードを追加します。

注3　t は選択対象の子ノードと兄弟ノードです。

追加したノードは、w, nをそれぞれ0で初期化します。今後、選択したノードに子ノードがある場合は、子ノードに対して選択を繰り返し、リーフノードに達した時点でプレイアウトします。

● MCTS、展開

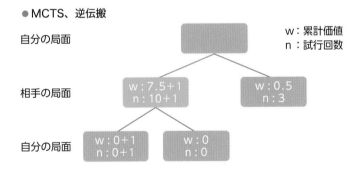

プレイアウトしたリーフノードの価値と試行回数は、そのまま親ノードに加算します。そのノードにも親ノードがある場合には遡って加算、さらに親ノードがある場合にはさらに遡って加算……と、ルートノードまで結果を伝搬していきます。

これで相手の局面でも選択が入るようになり、今後ノードの展開が進めば自分も相手も深いノードでの探索が可能となります。自分も相手もより賢い行動をしたシミュレーションができるため、原始モンテカルロ法と違って試行回数が増えるほどに評価した累計価値が洗練されることになります。

● MCTS、逆伝搬

一定回数のプレイアウトを繰り返した後、実際の行動を選択します。この時、勝率でもなく、UCB1でもなく、試行回数が多い行動を選択します。一見すると勝率が多い行動を選択するとよさそうですが、MCTSの場合は探索途中で勝率が高いノードが多く選ばれているはずなので、試行回数の多さは探索途中の勝率の高さの裏付けとも言えます。

5.6.2 MCTSの実装

まず、MCTSの計算に使う定数を設定します（**コード5.6.1**）。

コード5.6.1　定数の設定(08_MCTS.cpp)

```
01: constexpr const double C = 1.;                 // UCB1の計算に使う定数
02: constexpr const int EXPAND_THRESHOLD = 10; // ノードを展開する閾値
```

表5.6.1のようなメソッドを持つNodeクラスを用意します。

表5.6.1　MCTSの計算に使うNodeクラスのメソッド

メソッド	説明
Node(const State &state)	コンストラクタ
void evaluate()	ノードからリーフノードまで評価、選択し、プレイアウトするまでの過程を1セット行う。
void expand()	ノードを展開する。
Node &nextChildNode()	どのノードを評価するか選択する。

MCTSのメイン部を実装する

　Nodeクラスの実装前に、MCTSのメイン部の実装を説明します（**コード5.6.2**）。11行目でexpandを呼び、1手目の合法手を全てノード化します。12〜15行目のforループで、指定回数evaluateを呼びます。evaluateを1回呼ぶごとに選択、プレイアウト、展開チェックを1セットで行うため、メイン部はシンプルに書けます。

　指定回のプレイアウトが終わったら、後は試行回数の多いノードに進む行動を選択すればよいです。

コード5.6.2　MCTSのメイン部の実装(08_MCTS.cpp)

```
01: namespace montecarlo
02: {
03:     class Node{
04:     // ~略~
05:     };
06:
07:     // プレイアウト数を指定してMCTSで行動を決定する
08:     int mctsAction(const State &state, const int playout_number)
09:     {
10:         Node root_node = Node(state);
11:         root_node.expand();
12:         for (int i = 0; i < playout_number; i++)
13:         {
14:             root_node.evaluate();
15:         }
16:         auto legal_actions = state.legalActions();
```

次ページへ続く

```
17:
18:        int best_action_searched_number = -1;
19:        int best_action_index = -1;
20:        assert(legal_actions.size() == root_node.child_nodes_.size());
21:        for (int i = 0; i < legal_actions.size(); i++)
22:        {
23:            int n = root_node.child_nodes_[i].n_;
24:            if (n > best_action_searched_number)
25:            {
26:                best_action_index = i;
27:                best_action_searched_number = n;
28:            }
29:        }
30:        return legal_actions[best_action_index];
31:    }
32: }
```

Nodeクラスのコンストラクタを実装する

Nodeクラスのコンストラクタを実装します(**コード5.6.3**)。展開したてのノードは累計価値と試行回数を0で初期化します。

コード5.6.3　Nodeクラスのコンストラクタの実装(08_MCTS.cpp)

```
01: // MCTSの計算に使うノード
02: class Node
03: {
04: private:
05:     State state_;
06:     double w_; // 累計価値
07:
08: public:
09:     std::vector<Node> child_nodes_;
10:     double n_; // 試行回数
11:
12:     Node(const State &state) : state_(state), w_(0), n_(0) {}
13: };
```

ノードの評価を実装する

ノードの評価をするevaluateを実装します(**コード5.6.4**)。ノードの状況に応じて3パターンの条件分岐をします。

- ゲーム終了時
  勝敗に応じた評価を累計価値に足し、累計価値を返します。
- 子ノードが存在しない時
  プレイアウトの結果を累計価値に足し、累計価値を返します。試行回数が閾値を超えていたら子ノードを展開します。

- 子ノードが存在する時

子ノードの評価を累計価値に足し、累計価値を返します。子ノードの評価は現在ノードとは
プレイヤー視点が逆のため、44行目のように評価を自分視点に戻す点に注意してください。

コード 5.6.4　評価の実装(08_MCTS.cpp)

```
01: // MCTSの計算に使うノード
02: class Node
03: {
04: public:
05: // ~略~
06:     // ノードの評価を行う
07:     double evaluate()
08:     {
09:         // ゲーム終了時
10:         if (this->state_.isDone())
11:         {
12:             double value = 0.5;
13:             switch (this->state_.getWinningStatus())
14:             {
15:             case (WinningStatus::WIN):
16:                 value = 1.;
17:                 break;
18:             case (WinningStatus::LOSE):
19:                 value = 0.;
20:                 break;
21:             default:
22:                 break;
23:             }
24:             this->w_ += value;
25:             ++this->n_;
26:             return value;
27:         }
28:         // 子ノードが存在しない時
29:         if (this->child_nodes_.empty())
30:         {
31:             State state_copy = this->state_;
32:             double value = playout(&state_copy);
33:             this->w_ += value;
34:             ++this->n_;
35:
36:             if (this->n_ == EXPAND_THRESHOLD)
37:                 this->expand();
38:
39:             return value;
40:         }
41:         // 子ノードが存在する時
42:         else
43:         {
44:             double value = 1. - this->nextChildNode().evaluate();
45:             this->w_ += value;
```

```
46:             ++this->n_;
47:             return value;
48:         }
49:     }
50: };
```

展開を実装する

展開の実装をします（**コード5.6.5**）。対応する盤面の合法手を列挙し、1手進めてchild_nodes_に追加します。

コード5.6.5　展開の実装（08_MCTS.cpp）

```
01: // MCTSの計算に使うノード
02: class Node
03: {
04: public:
05: // ~略~
06:     // ノードを展開する
07:     void expand()
08:     {
09:         auto legal_actions = this->state_.legalActions();
10:         this->child_nodes_.clear();
11:         for (const auto action : legal_actions)
12:         {
13:             this->child_nodes_.emplace_back(this->state_);
14:             this->child_nodes_.back().state_.advance(action);
15:         }
16:     }
17: };
```

ノード選択を実装する

ノード選択の実装をします（**コード5.6.6**）。

11〜12行目のように、試行回数0のノードは優先的に選択します。24〜26行目ではUCB1を計算します。例によって、子ノードの累計価値は現在ノードとは視点が違うため、勝率部分は視点変更のために1から引きます。

コード5.6.6　選択の実装（08_MCTS.cpp）

```
01: // MCTSの計算に使うノード
02: class Node
03: {
04: public:
05: // ~略~
06:     // どのノードを評価するか選択する
07:     Node &nextChildNode()
08:     {
09:         for (auto &child_node : this->child_nodes_)
```

次ページへ続く

```
10:        {
11:            if (child_node.n_ == 0)
12:                return child_node;
13:        }
14:        double t = 0;
15:        for (const auto &child_node : this->child_nodes_)
16:        {
17:            t += child_node.n_;
18:        }
19:        double best_value = -INF;
20:        int best_action_index = -1;
21:        for (int i = 0; i < this->child_nodes_.size(); i++)
22:        {
23:            const auto &child_node = this->child_nodes_[i];
24:            double ucb1_value =
25:                1. - child_node.w_ / child_node.n_
26:                + (double)C * std::sqrt(2. * std::log(t) / child_node.n_);
27:            if (ucb1_value > best_value)
28:            {
29:                best_action_index = i;
30:                best_value = ucb1_value;
31:            }
32:        }
33:        return this->child_nodes_[best_action_index];
34:    }
35: };
```

これでMCTSの実装が完了しました。

原始モンテカルロ法と対戦する

プレイアウト数を3000に揃えてMCTSと原始モンテカルロ法の対戦をしてみます（**コード5.6.7**、**コマンド5.6.1**）。

コード5.6.7　MCTS vs 原始モンテカルロ法（08_MCTS.cpp）

```
01: int main()
02: {
03:    using std::cout;
04:    using std::endl;
05:    auto ais = std::array<StringAIPair, 2>{
06:        StringAIPair("mctsAction 3000", [](const State &state)
07:                    { return montecarlo::mctsAction(state, 3000); }),
08:        StringAIPair("primitiveMontecarloAction 3000", [](const State &state)
09:                    { return montecarlo::primitiveMontecarloAction(state, 3000); }),
10:    };
11:    testFirstPlayerWinRate(ais, 100);
12:    return 0;
13: }
```

コマンド5.6.1　MCTSと原始モンテカルロ法の対戦

```
> wsl ⏎
$ cd sample_code/05_AlternateGame/ ⏎
$ g++ -O3 -std=c++17 -o 08_MCTS 08_MCTS.cpp ⏎
$ ./08_MCTS ⏎
```

MCTSは原始モンテカルロ法に55.8％の勝率で勝利できました (**図5.6.1**)。

図5.6.1　MCTS vs 原始モンテカルロ法のプレイ結果

```
~略~
Winning rate of mctsAction 3000 to primitiveMontecarloAction 3000:      0.5575
```

プレイアウト数を変えて比較する

　原始モンテカルロ法ではプレイアウト数が増えても大きな差になりませんでしたが、MCTS ではどうなるか試してみましょう。原始モンテカルロ法で実験したのと同じ、プレイアウト数 3000と30に設定します (**コード5.6.8**、**コマンド5.6.2**)。

コード5.6.8　MCTSのプレイアウト数の違いによる比較(09_MCTSPlayoutNumber.cpp)

```
01: int main()
02: {
03:     using std::cout;
04:     using std::endl;
05:     auto ais = std::array<StringAIPair, 2>{
06:         StringAIPair("mctsAction 3000", [](const State &state)
07:                      { return montecarlo::mctsAction(state, 3000); }),
08:         StringAIPair("mctsAction 30", [](const State &state)
09:                      { return montecarlo::mctsAction(state, 30); }),
10:     };
11:     testFirstPlayerWinRate(ais, 100);
12:     return 0;
13: }
```

コマンド5.6.2　プレイアウト数の違いによる比較

```
> wsl ⏎
$ cd sample_code/05_AlternateGame/ ⏎
$ g++ -O3 -std=c++17 -o 09_MCTSPlayoutNumber 09_MCTSPlayoutNumber.cpp ⏎
$ ./09_MCTSPlayoutNumber ⏎
```

　プレイアウト数3000のMCTSはプレイアウト数30のMCTSに57.5％の勝率で勝利できました (**図5.6.2**)。原始モンテカルロ法と違い、プレイアウト数を増やすほど深いノードの記録、選択をした上でのシミュレーションが可能となります。そのため、プレイアウト数を増やすことによる恩恵を多く受けられます。

図5.6.2　プレイアウト数3000のMCTS vs プレイアウト数30のMCTSのプレイ結果

```
~略~
Winning rate of mctsAction 3000 to mctsAction 30:        0.575
```

ノードの展開状況を確認する

　MCTSはノードが適切に展開され、有効なノードを多く試行することが重要です。

　ここで、ノードの展開状況を確認してみましょう。まず、Nodeクラスに子ノードを再帰的にチェックしてプリントするprintTreeメソッドを実装します（**コード5.6.9**）。13〜14行目では、木の構造がわかるよう、チェック中のノードの深さに応じて"__"を出力します。

　次に、mctsActionからprintTreeを呼び出すように修正を加えます。これは引数にboolのis_printを用意し、printTreeを呼び出したい場合だけ木を表示できるようにします。対戦中に常に木を表示する仕組みにするとかなり低速化してしまうため、static変数のcalled_cntを用意し、初回だけ木を表示するように条件分岐をします。

コード5.6.9　ノードの展開状況表示機能の実装(10_PrintTree.cpp)

```
01: namespace montecarlo
02: {
03:     class Node
04:     {
05:         // ~略~
06:         void printTree(const int depth = 1) const
07:         {
08:             using std::cout;
09:             using std::endl;
10:             for (int i = 0; i < child_nodes_.size(); i++)
11:             {
12:                 const auto &child_node = child_nodes_[i];
13:                 for (int j = 0; j < depth; j++)
14:                     cout << "__";
15:                 cout << " " << i << "(" << child_node.n_ << ")" << endl;
16:                 if (!child_node.child_nodes_.empty())
17:                 {
18:                     child_node.printTree(depth + 1);
19:                 }
20:             }
21:         }
22:     };
23:
24:     // プレイアウト数を指定してMCTSで行動を決定する
25:     int mctsAction(const State &state, const int playout_number, const bool is_print)
26:     {
27:         // ~略~
28:         {
29:             static bool called_cnt = false;
30:             if (is_print && !called_cnt)
```

次ページへ続く

```
31:           { // プリントしたい
32:               std::cout << __func__ << std::endl;
33:               root_node.printTree();
34:           }
35:           called_cnt = true;
36:       }
37:   }
38: }
```

　まずはプレイアウト数30時点のMCTSの木を表示してみましょう（**コード5.6.10**、**コマンド 5.6.3**）。

コード5.6.10　プレイアウト数30の木の可視化（10_PrintTree.cpp）

```
01: int main()
02: {
03:     using std::cout;
04:     using std::endl;
05:     auto state = State(0);
06:     montecarlo::mctsAction(state, 30, true);
07:     return 0;
08: }
```

コマンド5.6.3　木の可視化（プレイアウト数30）

```
> wsl ↵
$ cd sample_code/05_AlternateGame/ ↵
$ g++ -O3 -std=c++17 -o 10_PrintTree 10_PrintTree.cpp ↵
$ ./10_PrintTree ↵
```

　図5.6.3のような結果となりました。0(10)は0番目の手を10回試行したことを示します。__の数が同じものは深さが同じことを示します。

　プレイアウト数30では3種類の合法手それぞれが平等に10回ずつ試行され、展開されました。最終的に決定する手はプレイアウト数の多い手なので、プレイアウト数30の段階では有意によい手が見つかっていません。

図5.6.3　MCTS（プレイアウト数30）の木の表示結果

```
__ 0(10)
____ 0(0)
____ 1(0)
____ 2(0)
__ 1(10)
____ 0(0)
____ 1(0)
____ 2(0)
__ 2(10)
____ 0(0)
____ 1(0)
____ 2(0)
```

　ここで、プレイアウト数3000のMCTSの木を表示してみましょう(**コード5.6.11**、**コマンド 5.6.4**)。

コード5.6.11　プレイアウト数3000の木の可視化(11_PrintTree_3000.cpp)

```
01: int main()
02: {
03:     using std::cout;
04:     using std::endl;
05:     auto state = State(0);
06:     montecarlo::mctsAction(state, 3000, true);
07:     return 0;
08: }
```

コマンド5.6.4　木の可視化(プレイアウト数3000)

```
> wsl ⏎
$ cd sample_code/05_AlternateGame/ ⏎
$ g++ -O3 -std=c++17 -o 11_PrintTree_3000 11_PrintTree_3000.cpp ⏎
$ ./11_PrintTree_3000 ⏎
```

　木が深い階層まで展開されるようになりました(**図5.6.4**)。また、プレイアウト数30の時と異なり、1手目で手2を多く試行しています。展開と選択を繰り返すことで、有望な手を厳選していることがわかります。他の手とあまりにもバランスが違いすぎる場合は、UCB1の計算に用いるバイアスの定数Cを高くするなどで探索のバランスを調整できます。

図5.6.4　MCTS(プレイアウト数3000)の木の表示結果

```
__    0(46)            _____    0(2)            _____    2(6)
____    0(7)           _____    1(1)            _____    3(5)
____    1(17)          _____  2(29)             _____  1(951)
_____    0(1)         _____    0(8)            _____    0(930)
_____    1(1)         _____    1(11)           _____    0(460)
_____    2(1)         _____    0(1)          _____    1(460)
_____    3(4)         _____    1(0)          _____    1(11)
____  2(12)            __  2(2889)              _____    0(1)
_____    0(1)         _____    0(952)          _____    1(0)
_____    1(1)         _____    0(917)        _____  2(976)
_____    2(0)         _____    0(227)      _____    0(941)
_____    3(0)         _____    1(227)      _____    0(466)
__  1(65)              _____    2(227)      _____    1(465)
____    0(13)          _____    3(226)      _____  1(25)
_____    0(2)         _____  1(25)           _____    0(13)
_____    1(1)         _____    0(2)        _____    1(2)
_____    1(13)        _____    1(2)
```

148

5.7 Thunder サーチ

5.7.1 Thunder サーチの特徴と動作
～筆者考案! 盤面評価を利用して有益なノードを探索!

　本章では、大別するとMiniMax法系統の手法、モンテカルロ法系統の手法の2種類を説明しました。

　MiniMax法はαカット、βカットといった枝刈り手段はあれど、必要分のノードを探索しきるまでは解を得られません。一方で、モンテカルロ法系統の手法は、充分な量のプレイアウトをしないとノードの評価が信用できません。盤面評価を自分で考える必要がないことはモンテカルロ法の強みですが、盤面を評価しやすいゲーム性だった場合でもプレイアウトのみで決めることになります。

　そこで、MCTSのプレイアウトを盤面評価に置き換え、探索量が少なくてもある程度信頼できる解を出す探索手法として筆者が考案したThunderサーチを紹介します。

　盤面評価については、自分が勝てそうかどうかの指標をあらかじめ自分で決めて計算します。たとえば、交互着手数字集め迷路なら「自分のスコア/（自分のスコア＋相手のスコア）」のような計算をすれば、勝率をある程度予測できそうです。交互着手数字集め迷路のように途中のスコアがゲームルールにない場合は、お互いに有利になるためのアイテムの数などで代用しましょう。

　評価方法は好きに決めてよいですが、勝率として扱いたいため、以下を満たすよう意識しましょう。

- 0～1の範囲に収める
- 「1-自分の評価 = 相手の評価」になるようにする

　それでは探索の流れを説明します。まず、1手目の合法手から到達できるノードを列挙します。

● Thunderサーチ、試行前、展開

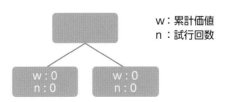

w：累計価値
n：試行回数

1試行目では未評価のノードを選択します。

● Thunderサーチ、試行1、選択

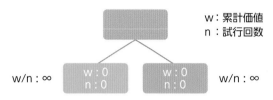

選択したノードを評価します。MCTSと違い、プレイアウトをせずにあらかじめ決めておいたルールによって盤面を評価します。また、MCTSでは指定回数試行したノードを展開していましたが、本手法では評価した直後に必ず展開します。

● Thunderサーチ、試行1、評価と展開

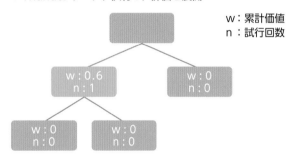

2試行目でも未評価のノードが残っているため、未評価のノードを選択します。

● Thunderサーチ、試行2、選択

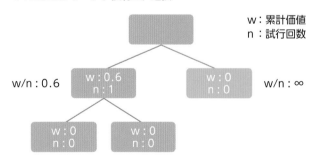

選択したノードを評価し、展開します。

● Thunder サーチ、試行2、評価と展開

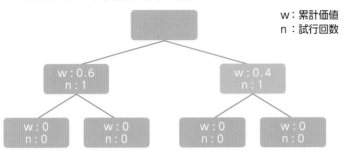

3回目の試行をします。2回目の試行が終わった時点で、ルートノードから選択できるノードが全て評価済みとなりました。MCTSではUCB1でノードの比較をしましたが、本手法では勝率 $\frac{w}{n}$ を用いて比較します。この時点では勝率0.6が最大のため、勝率0.6のノードを選択します。

● Thunder サーチ、試行3、選択1

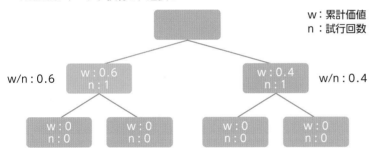

今回は子ノードを展開済みのため、リーフノードに到達するまで選択をします。

● Thunder サーチ、試行3、選択2

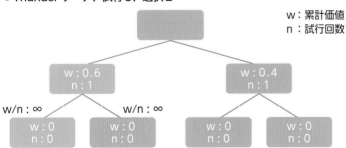

リーフノードの評価をし、親ノードやそれより上位のノードに伝搬します。これはMCTSと同じです。

● Thunderサーチ、試行3、評価と逆伝搬

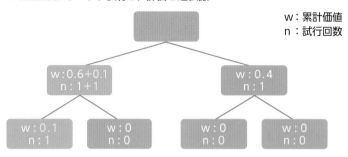

評価したノードを展開します。

● Thunderサーチ、試行3、展開

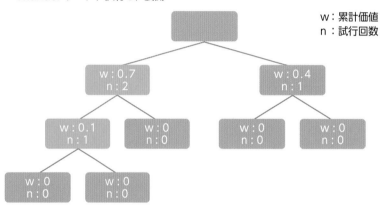

　4回目の試行をします。3試行目では左のノードのほうが勝率が高かったですが、今回は右のノードのほうが勝率が高いため、右のノードを選択します。

● Thunderサーチ、試行4、選択

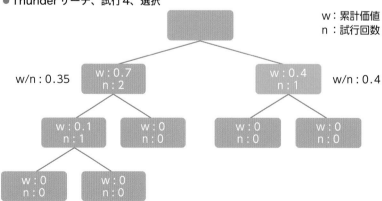

　Thunderサーチは、以上の手順を繰り返す探索手法です。MCTSとの違いをまとめると以下のようになります。

- ノードの評価にプレイアウトを用いず、あらかじめ決めたルールで評価する
- 選択されたノードは必ず展開する
- ノード選択の際、試行回数の少なさを考慮せず、勝率のみを比較する

　一見すると、MCTSの強みである勝率と試行の少なさのバランスをとる仕組みがないため、自分に都合のよいシミュレーションをしているように感じるかもしれません。

　Thunderサーチはプレイアウトを行わず、その時点のリーフノードの評価をします。すなわち、深さが奇数のノードでは自分が行動した直後、深さが偶数のノードでは相手が行動した直後の評価をすることになります。1手目では自分に都合のよい行動をしているはずなので、1手目のノードは点数が高くなることが想定されます。1手目では最高得点をとったノードも、2手目以降の相手に都合のよいノードの評価が逆伝搬されることで、徐々に評価が下がることが予想されます。

　これにより、先述の試行4のように評価が逆転し、バランスのよい探索ができるようになります。逆に、2手目の評価が下がりやすいノードの評価が伝搬されてもなお評価が逆転しない場合、よりよい手だと言えます。そのため、評価が逆転するまでは探索を続けてよいと言えます。

●Thunderサーチ、評価の上がりやすさ

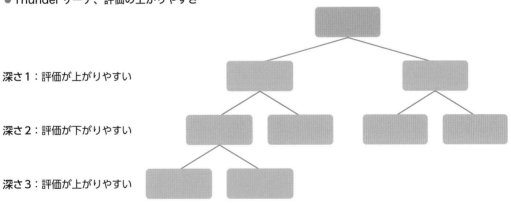

深さ1：評価が上がりやすい

深さ2：評価が下がりやすい

深さ3：評価が上がりやすい

5.7.2　Thunderサーチの実装

勝率の評価を実装する

　まず、勝率を評価する関数を実装します（コード5.7.1）。実装済みのgetScore関数では、戻り値の範囲が不定のため、勝率評価としては不適切です。そこで、戻り値を0〜1の範囲のdouble

型で返すgetScoreRateを新たに実装します。

コード5.7.1　勝率評価関数の実装(12_ThunderSearch.cpp)

```
01: class AlternateMazeState
02: {
03: // ~略~
04: public:
05:     // ［どのゲームでも実装する］：現在のプレイヤー視点の盤面評価し、0~1の値を返す。
06:     double getScoreRate() const
07:     {
08:         if (characters_[0].game_score_ + characters_[1].game_score_ == 0)
09:             return 0.;
10:         return
11:           ((double)characters_[0].game_score_)
12:           / (double)(characters_[0].game_score_ + characters_[1].game_score_);
13:     }
14: };
```

evaluateメソッドを修正する

MCTS用に実装したNodeクラスをベースに、Thunderサーチ用に修正します。

まず、evaluateメソッドについて2点修正します（**コード5.7.2**）。子ノードが見つからない場合、MCTSではプレイアウトによって価値を評価していましたが、30行目の通り、getScoreRateで評価を置き換えます。

また、MCTSでは指定回数試行したことを確認してからノードを展開していましたが、34行目の通り、毎回展開します。

コード5.7.2　evaluateメソッドの修正(12_ThunderSearch.cpp)

```
01: namespace thunder
02: {
03:     class Node
04:     {
05:     public:
06:         // ~略~
07:         // ノードの評価を行う
08:         double evaluate()
09:         {
10:             if (this->state_.isDone())
11:             {
12:                 double value = 0.5;
13:                 switch (this->state_.getWinningStatus())
14:                 {
15:                 case (WinningStatus::WIN):
16:                     value = 1.;
17:                     break;
18:                 case (WinningStatus::LOSE):
19:                     value = 0.;
```

次ページへ続く

```
20:                break;
21:            default:
22:                break;
23:            }
24:            this->w_ += value;
25:            ++this->n_;
26:            return value;
27:        }
28:        if (this->child_nodes_.empty())
29:        {
30:            double value = this->state_.getScoreRate();
31:            this->w_ += value;
32:            ++this->n_;
33:
34:            this->expand();
35:
36:            return value;
37:        }
38:        else
39:        {
40:            double value = 1. - this->nextChildNode().evaluate();
41:            this->w_ += value;
42:            ++this->n_;
43:            return value;
44:        }
45:    }
46:
47:    };
48: }
```

nextChildNode メソッドを修正する

続いて、nextChildNode メソッドを修正します (**コード 5.7.3**)。26 行目の通り、UCB1 の代わりに勝率評価で選択をします。

コード 5.7.3 nextChildNode メソッドの修正 (12_ThunderSearch.cpp)

```
01: namespace thunder
02: {
03:     class Node
04:     {
05:     public:
06:         // ~略~
07:         // どのノードを評価するか選択する
08:         Node &nextChildNode()
09:         {
10:             for (auto &child_node : this->child_nodes_)
11:             {
12:                 if (child_node.n_ == 0)
13:                     return child_node;
14:             }
```

次ページへ続く

```
15:            double t = 0;
16:            for (const auto &child_node : this->child_nodes_)
17:            {
18:                t += child_node.n_;
19:            }
20:            double best_value = -INF;
21:            int best_action_index = -1;
22:            for (int i = 0; i < this->child_nodes_.size(); i++)
23:            {
24:                const auto &child_node = this->child_nodes_[i];
25:
26:                double thunder_value = 1. - child_node.w_ / child_node.n_;
27:                if (thunder_value > best_value)
28:                {
29:                    best_action_index = i;
30:                    best_value = thunder_value;
31:                }
32:            }
33:            return this->child_nodes_[best_action_index];
34:        }
35:
36:    };
37: }
```

MCTSと対戦する

MCTSと対戦してThunderサーチの強さを確認しましょう（**コード5.7.4**）。

1〜3行目では、Thunderサーチのメリットを活かすため、盤面と終了ターンを広げています。終了ターンが長いほど、プレイアウトに時間がかかるため、プレイアウトを避けられるThunderサーチの利点が活きます。

なお、thunderSearchActionの実装を説明していませんが、Nodeの修正以外はmctsActionと同等の実装で済みます。

コード5.7.4　ThunderサーチとMCTSの対戦（12_ThunderSearch.cpp）

```
01: constexpr const int H = 10;   // 迷路の高さ
02: constexpr const int W = 10;   // 迷路の幅
03: constexpr int END_TURN = 50; // ゲーム終了ターン
04:
05: int main()
06: {
07:     using std::cout;
08:     using std::endl;
09:     auto ais = std::array<StringAIPair, 2>{
10:         StringAIPair("thunderSearchAction 300", [](const State &state)
11:                      { return thunder::thunderSearchAction(state, 300); }),
12:         StringAIPair("mctsAction 300", [](const State &state)
13:                      { return montecarlo::mctsAction(state, 300); }),
14:     };
```

次ページへ続く

```
15:       testFirstPlayerWinRate(ais, 100);
16:       return 0;
17: }
```

実行してみましょう（**コマンド5.7.1**）。

コマンド5.7.1　MCTSとの対戦を実行

```
> wsl ↵
$ cd sample_code/05_AlternateGame/ ↵
$ g++ -O3 -std=c++17 -o 12_ThunderSearch 12_ThunderSearch.cpp ↵
$ ./12_ThunderSearch ↵
```

ThunderサーチはMCTSに70%の勝率で勝つことができました（**図5.7.1**）。

図5.7.1　試行数300のThunderサーチのMCTSに対する勝率

```
～略～
Winning rate of thunderSearchAction 300 to mctsAction 300:        0.6975
```

制限時間付きで実装する

　さて、上記の実験では、ThunderサーチとMCTSの試行数を揃えて比較しました。しかし、Thunderサーチのノード評価とMCTSのプレイアウトでは計算の仕組みが異なるため、同じ時間で同じ試行数を確保できるとは限りません。

　そこで、ThunderサーチとMCTSを、制限時間を揃えて実験することを考えます。

　まず、それぞれの探索を制限時間付きで実行するコードを実装します（**コード5.7.5**）。ここではThunderサーチを例に実装を説明しますが、MCTSも同様の修正で実装可能です。10行目で制限時間time_threshold(ms)を元にタイマーを設定し、13～16行目で制限時間を超過するまで試行を繰り返すようにすればよいです。

コード5.7.5　ThunderサーチとMCTSの対戦（13_ThunderSearchWithTime.cpp）

```
01: namespace thunder
02: {
03:     // 制限時間(ms)を指定してMCTSで行動を決定する
04:     int thunderSearchActionWithTimeThreshold(
05:         const State &state,
06:         const int64_t time_threshold)
07:     {
08:         Node root_node = Node(state);
09:         root_node.expand();
10:         auto time_keeper = TimeKeeper(time_threshold);
11:         for (int cnt = 0;; cnt++)
12:         {
13:             if (time_keeper.isTimeOver())
14:             {
```

次ページへ続く

```
15:             break;
16:           }
17:           root_node.evaluate();
18:        }
19:        auto legal_actions = state.legalActions();
20:
21:        int best_action_searched_number = -1;
22:        int best_action_index = -1;
23:        assert(legal_actions.size() == root_node.child_nodes_.size());
24:        for (int i = 0; i < legal_actions.size(); i++)
25:        {
26:            int n = root_node.child_nodes_[i].n_;
27:            if (n > best_action_searched_number)
28:            {
29:                best_action_index = i;
30:                best_action_searched_number = n;
31:            }
32:        }
33:        return legal_actions[best_action_index];
34:    }
35: }
```

1手あたり1msの制限でMCTSと対戦してThunderサーチの強さを確認しましょう（**コード5.7.6**、
コマンド5.7.2）。

コード5.7.6   1ms制限下のThunderサーチとMCTSの対戦（13_ThunderSearchWithTime.cpp）

```
01: int main()
02: {
03:     using std::cout;
04:     using std::endl;
05:     auto ais = std::array<StringAIPair, 2>{
06:         StringAIPair("thunderSearchActionWithTimeThreshold 1ms", [](const State &state)
07:                      { return thunderSearchActionWithTimeThreshold(state, 1); }),
08:         StringAIPair("mctsActionWithTimeThreshold 1ms", [](const State &state)
09:                      { return mctsActionWithTimeThreshold(state, 1); }),
10:     };
11:     testFirstPlayerWinRate(ais, 100);
12:     return 0;
13: }
```

コマンド5.7.2   プログラムのコンパイルと実行

```
> wsl ↵
$ cd sample_code/05_AlternateGame/ ↵
$ g++ -O3 -std=c++17 -o 13_ThunderSearchWithTime 13_ThunderSearchWithTime.cpp ↵
$ ./13_ThunderSearchWithTime ↵
```

ThunderサーチはMCTSに80％の勝率で勝つことができました（**図5.7.2**）。

図5.7.2　1ms制限のThunderサーチのMCTSに対する勝率

```
Winning rate of thunderSearchActionWithTimeThreshold 1ms
              to mctsActionWithTimeThreshold 1ms: 0.8
```

AlphaBeta法と対戦する

　同様に、ThunderサーチとAlphaBeta法の対戦をして強さを比較してみましょう。制限時間を合わせるため、AlphaBeta法側は反復深化します（**コード5.7.7**、**コマンド5.7.3**）。

コード5.7.7　1ms制限下のThunderサーチとAlphaBeta法の対戦（14_ThunderSearchVSAlphaBeta.cpp）

```
01: int main()
02: {
03:     using std::cout;
04:     using std::endl;
05:     auto ais = std::array<StringAIPair, 2>{
06:         StringAIPair("thunderSearchActionWithTimeThreshold 1ms", [](const State &state)
07:                     { return thunderSearchActionWithTimeThreshold(state, 1); }),
08:         StringAIPair("iterativeDeepeningAction 1ms", [](const State &state)
09:                     { return iterativeDeepeningAction(state, 1); }),
10:     };
11:     testFirstPlayerWinRate(ais, 100);
12:     return 0;
13: }
```

コマンド5.7.3　プログラムのコンパイルと実行

```
> wsl ⏎
$ cd sample_code/05_AlternateGame/ ⏎
$ g++ -O3 -std=c++17 -o 14_ThunderSearchVSAlphaBeta 14_ThunderSearchVSAlphaBeta.cpp ⏎
$ ./14_ThunderSearchVSAlphaBeta ⏎
```

　ThunderサーチはAlphaBeta法に60％の勝率で勝つことができました（**図5.7.3**）。

図5.7.3　1ms制限のThunderサーチのAlphaBeta法に対する勝率

```
~略~
Winning rate of thunderSearchActionWithTimeThreshold 1ms
              to iterativeDeepeningAction 1ms: 0.6025
```

COLUMN

Thunderサーチはどうやって生まれた？

　AlphaZeroというAIをご存じでしょうか。2017年12月にDeepMind社によって発表された、汎用ゲー

ムAIです。AlphaZeroは深層強化学習とゲーム木探索を組み合わせることで、当時の囲碁、チェス、将棋といった代表的なゲームAIの世界チャンピオン全てに勝利しました。本書は探索がテーマであり、機械学習が大きな役割を持つAlphaZeroについては大きく触れません。

さて、本コラムの題とした、「Thunderサーチはどうやって生まれたか？」について説明します。実は、ThunderサーチはAlphaZeroから着想を得ています。

AlphaZeroの探索アルゴリズムのベースはMCTSで、プレイアウトの代わりに学習済みモデルで価値を決定します。この時、ノードの価値だけでなく、行動に対しても価値として評価します。ノード選択にはUCB1ではなく、以下のアーク評価値を使用します。

$$\text{アーク評価値} = \frac{w}{n} + C*p*\frac{\sqrt{t}}{1+n}$$

※w=学習で評価したノード価値の総和
p=学習で評価した行動価値

式の中で使う累計価値wの計算に使うノード価値と、行動価値pをそれぞれ深層強化学習で決定する仕組みです。細部を除けば、AlphaZeroはこれだけで世界最強レベルのAIを実現できているということです。

ここで、強化学習によって評価している部分を、ルールでつくりこんだ評価に置き換えることで、学習なしで手軽にAlphaZeroを再現できるのではないかと考えました。行動価値pはルールで評価しづらいですが、ノードの価値はゲームの知識があればある程度評価可能です。そこで、行動価値pを使わず、UCB1の式のwをルールでつくりこんだ評価に置き換えるだけの試作評価値を考えました。

$$\text{試作評価値} = \frac{w_{rule}}{n} + C\sqrt{\frac{2\ln(t)}{n}}$$

※w_{rule}=ルールで評価した価値の総和

この試作評価値の時点でもそれなりの強さになったのですが、定数Cを変えながら実験した結果、Cの値が低いほど勝率が上がりました。また、$C=0$、つまり累計価値の平均のみで評価すると勝率が最大となることがわかりました。最終的に選定した評価値を以下に示します。

$$\text{最終評価値} = \frac{w_{rule}}{n}$$

※w_{rule}=ルールで評価した価値の総和

こうして生まれた手法を本章でまとめ、紹介しました。

ゲーム木探索を用いてAIを開発していると、元の手法をそのまま使うよりもよい場面が出てくることもあります。MCTSの通常のプレイアウトでは終局までに時間がかかりすぎて使い物にならないという場面では、Thunderサーチは有効な手段と言えます。Thunderサーチでなくても、指定した深さまでプレイアウトするようにして、勝負がつかない場合は評価0.5扱いにするといった工夫を加えれば、通常のMCTSの式にあてはめられます。Chokudaiサーチなら、1本目から幅1でやるのは無駄だから徐々に幅を減らす、といった考えをしてもよいかもしれません。

読者の皆さんも、いろいろなゲームのAIを開発し、ゲームの特性に合わせて手法に工夫を加えることで、よりよい探索をしてみましょう。

第 6 章

同時着手二人ゲームに使いたい探索アルゴリズム

前章では、二人が交互に着手するゲームについて説明しました。手番が交互にまわるということは、相手がどの行動をとったか確認した上で自身の行動を検討できるということです。相手と自分が同時に着手するようになることで、何を考慮する必要があるか確認していきましょう。

6.1

サンプルゲーム紹介
～同時着手数字集め迷路

6.1.1　同時着手数字集め迷路とは

　本章では、二人のプレイヤーが同時に行動をして対戦するゲームに使えるアルゴリズムを紹介します。説明のため、交互着手数字集め迷路を二人プレイヤー用に拡張したゲームを作成します（**表6.1.1**）。

表6.1.1　同時着手数字集め迷路のルール

	説明
プレイヤーの目的	ゲーム終了時点のスコアを対戦相手より高くする。ゲーム終了時点のスコアが両者同じだった場合は引き分け。
プレイヤーの人数	二人
プレイヤーの着手タイミング	対戦相手と同時
プレイヤーができること	各ターン、自身のキャラクターを上下左右の四方向いずれかの場所に1マス移動させる。立ち止まることや、盤面の外に移動させることはできない。
ゲームの終了条件	特定ターン経過する。
その他	キャラクターは盤面の中心マスを横方向にはさむように左右対称に配置される。床のポイントも左右対称に配置される。キャラクターが移動した先にポイントがある場合、そのポイントの値を自身のゲームスコアに加算し、床のポイントは消失する。二人のプレイヤーが同時に同じマスに侵入した場合、床のポイントは両者が取得する。

● 同時着手数字集め迷路の初期状態

A0	5	4	5
	A	7	B
B0	9	6	9

　次ページの図「同時着手数字集め迷路の動作例」は、上のような初期盤面からプレイした例です。2手目でプレイヤーAとBは同じマスに同時に到達し、床のポイント4を両者が取得しています。

● 同時着手数字集め迷路の動作例

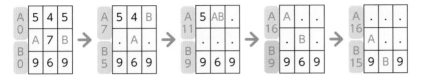

6.1.2 同時着手数字集め迷路の実装

表6.1.2のメソッドを持つクラスを作ります。

表6.1.2　同時着手数字集め迷路のメソッド

メソッド	説明
SimultaneousMazeState(const int seed)	シードを指定して迷路を作成する。
bool isDone()	ゲームの終了判定をする。
void advance(const int action0, const int action1)	プレイヤー二人のactionを指定してゲームを1ターン進める。
std::vector<int> legalActions(const int player_id)	指定したプレイヤーが可能な行動を全て取得する。
std::string toString()	現在のゲーム状況を文字列にする。

コンストラクタを実装する

まずはコンストラクタを実装します（**コード6.1.1**）。

座標とスコアをプレイヤーごとに持つため、構造体Characterが必要ですが、交互着手数字集め迷路と同じ実装でよいです。交互着手二人ゲームの時は先手、後手をテスト時に入れ替えて2戦することで平等性を担保しましたが、同時着手ゲームでは盤面が線対称であれば1戦のテストだけで平等性が担保されます。

38, 39行目では、床のポイントを線対称の位置にコピーすることで盤面を線対称にします。

コード6.1.1　同時着手数字集め迷路のコンストラクタ（00_SimultaneousMazeState.cpp）

```
01: constexpr const int H = 3;  // 迷路の高さ
02: constexpr const int W = 3;  // 迷路の幅
03: constexpr int END_TURN = 4; // ゲーム終了ターン
04:
05: class SimultaneousMazeState
06: {
07: private:
08: // ～略～
09:     std::vector<std::vector<int>> points_; // 床のポイントを1~9で表現する
10:     int turn_;                             // 現在のターン
11:     std::vector<Character> characters_;
```

次ページへ続く

```
12:
13: public:
14:     SimultaneousMazeState(const int seed) : points_(H, std::vector<int>(W)),
15:                                             turn_(0),
16:                                             characters_(
17:                                                 {Character(H / 2, (W / 2) - 1),
18:                                                  Character(H / 2, (W / 2) + 1)}
19:                                                 )
20:     {
21:         auto mt_for_construct = std::mt19937(seed);
22:
23:         for (int y = 0; y < H; y++)
24:             for (int x = 0; x < W / 2 + 1; x++)
25:             {
26:                 int ty = y;
27:                 int tx = x;
28:                 int point = mt_for_construct() % 10;
29:                 if (characters_[0].y_ == y && characters_[0].x_ == x)
30:                 {
31:                     continue;
32:                 }
33:                 if (characters_[1].y_ == y && characters_[1].x_ == x)
34:                 {
35:                     continue;
36:                 }
37:                 this->points_[ty][tx] = point;
38:                 tx = W - 1 - x;
39:                 this->points_[ty][tx] = point;
40:             }
41:     }
42: };
```

advanceとlegalActionsを実装する

　次に、advanceとlegalActionsを実装します（**コード6.1.2**）。

　isDoneは交互着手二人ゲームと同じ実装でよく、toStringも軽微な変更でよいので省略します。

　advanceはプレイヤー二人分の行動を受け付けるように引数を2つにします。6〜16行目で片方のプレイヤーの行動を、17〜27行目ではもう片方のプレイヤーの行動を処理します。交互着手二人ゲームでは盤面の視点を入れ替える処理をしていましたが、今回は手番が同時なのでそのような処理は不要です。

　交互着手二人ゲームのlegalActionsは現在の手番プレイヤーの合法手を取得しました。今回は同時着手のため、どちらのプレイヤーの合法手を取得するか指定できるようにします。

コード6.1.2　同時着手数字集め迷路の基本メソッド（00_SimultaneousMazeState.cpp）

```cpp
01: class SimultaneousMazeState
02: {
03:     // ［どのゲームでも実装する］：指定したactionでゲームを1ターン進める
04:     void advance(const int action0, const int action1)
05:     {
06:         {
07:             auto &character = this->characters_[0];
08:             const auto &action = action0;
09:             character.x_ += dx[action];
10:             character.y_ += dy[action];
11:             const auto point = this->points_[character.y_][character.x_];
12:             if (point > 0)
13:             {
14:                 character.game_score_ += point;
15:             }
16:         }
17:         {
18:             auto &character = this->characters_[1];
19:             const auto &action = action1;
20:             character.x_ += dx[action];
21:             character.y_ += dy[action];
22:             const auto point = this->points_[character.y_][character.x_];
23:             if (point > 0)
24:             {
25:                 character.game_score_ += point;
26:             }
27:         }
28:
29:         for (const auto &character : this->characters_)
30:         {
31:             this->points_[character.y_][character.x_] = 0;
32:         }
33:         this->turn_++;
34:     }
35:
36:     // ［どのゲームでも実装する］：指定したプレイヤーが可能な行動を全て取得する
37:     std::vector<int> legalActions(const int player_id) const
38:     {
39:         std::vector<int> actions;
40:         const auto &character = this->characters_[player_id];
41:         for (int action = 0; action < 4; action++)
42:         {
43:             int ty = character.y_ + dy[action];
44:             int tx = character.x_ + dx[action];
45:             if (ty >= 0 && ty < H && tx >= 0 && tx < W)
46:             {
47:                 actions.emplace_back(action);
48:             }
49:         }
50:         return actions;
51:     }
52: };
```

6

迷路を解くAIを作成する

　同時着手数字集め迷路の基本機能が揃ったため、同時着手数字集め迷路を解く簡単なAIを用意します（**コード6.1.3**）。指定したIDのプレイヤーの行動をランダムに選択する実装をします。

コード6.1.3　ランダムに行動を選択するAI（00_SimultaneousMazeState.cpp）

```
01: using State = SimultaneousMazeState;
02:
03: // 指定したプレイヤーの行動をランダムに決定する
04: int randomAction(const State &state, const int player_id)
05: {
06:     auto legal_actions = state.legalActions(player_id);
07:     return legal_actions[mt_for_action() % (legal_actions.size())];
08: }
```

　それでは同時着手数字集め迷路を実行するプログラムを実装します（**コード6.1.4**）。

コード6.1.4　ゲームの実行（00_SimultaneousMazeState.cpp）

```
01: void playGame(
02:     const std::array<StringAIPair, 2> &ais, const int seed)
03: {
04:     using std::cout;
05:     using std::endl;
06:
07:     auto state = State(seed);
08:     cout << state.toString() << endl;
09:
10:     while (!state.isDone())
11:     {
12:         std::vector<int> actions = {ais[0].second(state, 0), ais[1].second(state, 1)};
13:         cout << "actions " << dstr[actions[0]] << " " << dstr[actions[1]] << endl;
14:         state.advance(actions[0], actions[1]);
15:         cout << state.toString() << endl;
16:     }
17: }
18:
19: int main()
20: {
21:     auto ais = std::array<StringAIPair, 2>{
22:
23:         StringAIPair("randomAction", [](const State &state, const int player_id)
24:                     { return randomAction(state, player_id); }),
25:         StringAIPair("randomAction", [](const State &state, const int player_id)
26:                     { return randomAction(state, player_id); }),
27:     };
28:
29:     playGame(ais, /*盤面初期化のシード*/ 0);
30:
31:     return 0;
32: }
```

コマンド6.1.1のようにプログラムを実行します。

コマンド6.1.1　ランダム行動でプレイ

```
> wsl ⏎
$ cd sample_code/06_SimultaneousGame/ ⏎
$ g++ -O3 -std=c++17 -o 00_SimultaneousMazeState 00_SimultaneousMazeState.cpp ⏎
$ ./00_SimultaneousMazeState ⏎
```

実行結果は図6.1.1のようになります。

図6.1.1　ランダム行動のプレイ結果

```
turn:   0                              actions DOWN LEFT
score(0):       0                      turn:   3
score(1):       0                      score(0):       7
494                                    score(1):       0
A.B                                    .94
393                                    .B.
                                       A93
actions UP LEFT
turn:   1                              actions UP UP
score(0):       4                      turn:   4
score(1):       0                      score(0):       7
A94                                    score(1):       9
.B.                                    .B4
393                                    A..
                                       .93
actions DOWN RIGHT
turn:   2
score(0):       4
score(1):       0
.94
A.B
393
```

出力を図にすると次のようになります。

● ランダム行動のプレイ結果

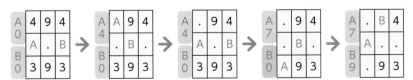

6.2　交互着手用アルゴリズムの適用

6.2.1　原始モンテカルロ法の実装

　さて、同時着手ゲーム用に特化したアルゴリズムの説明に入る前に、第5章で紹介したアルゴリズムを適用して動作を確認してみましょう。

勝敗の状況を示す enum 型を定義する

　まずは原始モンテカルロ法です。原始モンテカルロ法は相手の行動を考慮する必要がないため、ゲームの手番が交互でも同時でも大きな差はありません。最初に、勝敗の状況を示す enum 型を定義します（**コード6.2.1**）。交互着手の時と異なり、誰が勝ったかを示すようにします。

コード6.2.1　**勝敗ステータス（01_PrimitiveMontecarlo.cpp）**

```
01: enum WinningStatus
02: {
03:     FIRST,  // プレイヤー0が勝った
04:     SECOND, // プレイヤー1が勝った
05:     DRAW,
06:     NONE,
07: };
```

勝敗情報の判定メソッドを実装する

　次に、勝敗情報を判定するメソッドを用意します（**コード6.2.2**）。

コード6.2.2　**勝敗情報を判定するメソッド（01_PrimitiveMontecarlo.cpp）**

```
01: class SimultaneousMazeState
02: {
03: private:
04: public:
05: // ~略~
06:     // ［どのゲームでも実装する］: 勝敗情報を取得する
07:     WinningStatus getWinningStatus() const
08:     {
09:         if (isDone())
10:         {
11:             if (characters_[0].game_score_ > characters_[1].game_score_)
12:                 return WinningStatus::FIRST;
```

次ページへ続く

```
13:            else if (characters_[0].game_score_ < characters_[1].game_score_)
14:                return WinningStatus::SECOND;
15:            else
16:                return WinningStatus::DRAW;
17:        }
18:        else
19:        {
20:            return WinningStatus::NONE;
21:        }
22:    }
23: };
```

原始モンテカルロ法を実装する

原始モンテカルロ法を実装します（**コード6.2.3**）。

playout関数は交互着手ゲーム向けの実装と同様、プレイヤー0視点での勝敗を点数化します。交互着手ゲーム向けの実装では視点をadvanceで入れ替えていましたが、同時着手ゲーム向けには、視点の入れ替わりがありません。そこで、36〜47行目のように、1手目のみ自分がどちら側のプレイヤーかを考慮してadvanceの引数を入れ替えます。

playout関数の結果がプレイヤー0視点になっているため、49〜50行目で条件分岐して自分視点の勝敗に直します。

コード6.2.3　原始モンテカルロ法の実装（01_PrimitiveMontecarlo.cpp）

```
01: namespace montecarlo
02: {
03:     // プレイヤー0視点での評価
04:     double playout(State *state)
05:     {   // const&にすると再帰中にディープコピーが必要になるため、
06:         // 高速化のためポインタにする。（constでない参照でも可）
07:         switch (state->getWinningStatus())
08:         {
09:         case (WinningStatus::FIRST):
10:             return 1.;
11:         case (WinningStatus::SECOND):
12:             return 0.;
13:         case (WinningStatus::DRAW):
14:             return 0.5;
15:         default:
16:             state->advance(randomAction(*state, 0), randomAction(*state, 1));
17:             return playout(state);
18:         }
19:     }
20:     // プレイアウト数を指定して原始モンテカルロ法で指定したプレイヤーの行動を決定する
21:     int primitiveMontecarloAction(
22:         const State &state,
23:         const int player_id,
24:         const int playout_number)
25:     {
```

次ページへ続く

```
26:        auto my_legal_actions = state.legalActions(player_id);
27:        auto opp_legal_actions = state.legalActions((player_id + 1) % 2);
28:        double best_value = -INF;
29:        int best_action_index = -1;
30:        for (int i = 0; i < my_legal_actions.size(); i++)
31:        {
32:            double value = 0;
33:            for (int j = 0; j < playout_number; j++)
34:            {
35:                State next_state = state;
36:                if (player_id == 0)
37:                {
38:                    next_state.advance(
39:                        my_legal_actions[i],
40:                        opp_legal_actions[mt_for_action() % opp_legal_actions.size()]);
41:                }
42:                else
43:                {
44:                    next_state.advance(
45:                        opp_legal_actions[mt_for_action() % opp_legal_actions.size()],
46:                        my_legal_actions[i]);
47:                }
48:                double player0_win_rate = playout(&next_state);
49:                double win_rate =
50:                 (player_id == 0 ? player0_win_rate : 1. - player0_win_rate);
51:                value += win_rate;
52:            }
53:            if (value > best_value)
54:            {
55:                best_action_index = i;
56:                best_value = value;
57:            }
58:        }
59:        return my_legal_actions[best_action_index];
60:    }
61: };
62: using ::montecarlo::primitiveMontecarloAction;
```

勝率を計算する

ゲームプレイをして勝率を計算します（**コード6.2.4**、**コマンド6.2.1**）。交互着手の時と実装に大きな差がないため、プレイヤー0の勝率計算のためのスコアを計算するSimultaneousMazeState::getFirstPlayerScoreForWinRateと、0番目のAIの勝率を計算するtestFirstPlayerWinRateの実装は省略します。

1〜3行目では、手法間の性能差をわかりやすくするためにゲーム盤面の大きさと終了ターンを調整します。

コード6.2.4　原始モンテカルロ法の呼び出し（01_PrimitiveMontecarlo.cpp）

```
01: constexpr const int H = 5;      // 迷路の高さ
02: constexpr const int W = 5;      // 迷路の幅
03: constexpr int END_TURN = 20;    // ゲーム終了ターン
04:
05: int main()
06: {
07:     auto ais = std::array<StringAIPair, 2>{
08:
09:         StringAIPair("primitiveMontecarloAction",
10:                     [](const State &state, const int player_id)
11:                       { return primitiveMontecarloAction(state, player_id, 1000); }),
12:         StringAIPair("randomAction", [](const State &state, const int player_id)
13:                       { return randomAction(state, player_id); }),
14:     };
15:
16:     testFirstPlayerWinRate(ais, 500);
17:
18:     return 0;
19: }
```

コマンド6.2.1　原始モンテカルロ法とランダム行動の対戦

```
> wsl ⏎
$ cd sample_code/06_SimultaneousGame/ ⏎
$ g++ -O3 -std=c++17 -o 01_PrimitiveMontecarlo 01_PrimitiveMontecarlo.cpp ⏎
$ ./01_PrimitiveMontecarlo ⏎
```

　実行の結果、原始モンテカルロ法はランダム行動に99.8％の勝率で勝つことができました（**図6.2.1**）。原始モンテカルロ法は同時着手ゲームでも充分な効果が期待できます。

図6.2.1　原始モンテカルロ法 vs ランダム行動のプレイ結果

```
Winning rate of primitiveMontecarloAction to randomAction:      0.998
```

6.2.2 MCTSの実装

交互着手シミュレーション用のクラスを実装する

　原始モンテカルロ法は同時着手ゲームでも有効だということがわかりました。では、MCTSはどうでしょうか。

　MCTSの場合、手番が交互に変わることを前提に探索を進めるため、交互着手シミュレーションのためのクラスを別途用意します（**コード6.2.5**）。基本的には交互着手数字集め迷路をベースとした実装をすればよいですが、SimultaneousMazeStateから状況を引き継ぐために少し修正を加えます。

　同時着手ゲームでは自分と相手の2プレイヤーの行動を1ターンとして見なすため、交互に手

番が変わるシミュレーションをする場合、5, 16行目のようにターン数を2倍で計算します。17〜20行目のように、指定プレイヤーがプレイヤー0になるように視点を入れ替えます。

コード6.2.5　交互着手シミュレーションの実装(02_MCTSSimulation.cpp)

```
01: class AlternateMazeState
02: {
03: private:
04:     // 同時着手の1ターンは交互着手では2ターン分
05:     static constexpr const int END_TURN_ = END_TURN * 2;
06:     static constexpr const int dx[4] = {1, -1, 0, 0};
07:     static constexpr const int dy[4] = {0, 0, 1, -1};
08:     std::vector<std::vector<int>> points_; // 床のポイントを1~9で表現する
09:     int turn_;                             // 現在のターン
10:     using Character = SimultaneousMazeState::Character;
11:     std::vector<Character> characters_;
12:
13: public:
14:     AlternateMazeState(const SimultaneousMazeState &base_state, const int player_id)
15:      : points_(base_state.points_),
16:        turn_(base_state.turn_ * 2), // 同時着手の1ターンは交互着手では2ターン分
17:        characters_(
18:         player_id == 0 ?
19:         base_state.characters_ :
20:          std::vector<Character>{base_state.characters_[1], base_state.characters_[0]})
21:     {
22:     }
23:
24:     // [どのゲームでも実装する] : 勝敗情報を取得する
25:     WinningStatus getWinningStatus() const
26:     {
27:         if (isDone())
28:         {
29:             if (characters_[0].game_score_ > characters_[1].game_score_)
30:                 return WinningStatus::FIRST; // WIN
31:             else if (characters_[0].game_score_ < characters_[1].game_score_)
32:                 return WinningStatus::SECOND; // LOSE
33:             else
34:                 return WinningStatus::DRAW;
35:         }
36:         else
37:         {
38:             return WinningStatus::NONE;
39:         }
40:     }
41:
42:     // [どのゲームでも実装する] : ゲームが終了したか判定する
43:     bool isDone(); // 実装はサンプルコードを参照
44:
45:     // [どのゲームでも実装する] :
46:     // 指定したactionでゲームを1ターン進め、次のプレイヤー視点の盤面にする
47:     void advance(const int action); // 実装はサンプルコードを参照
```

次ページへ続く

```
48:
49:        // ［どのゲームでも実装する］：現在のプレイヤーが可能な行動を全て取得する
50:        std::vector<int> legalActions(); // 実装はサンプルコードを参照
51: };
52: using AlternateState = AlternateMazeState;
```

MCTS計算用のNodeクラスを実装する

　MCTSの計算に使うNodeクラスを実装します。こちらも基本は交互着手の時と同様です（**コード6.2.6**）。

　同時着手ゲームとして、enumの定義をFIRST, SECONDで表現しました。AlternateStateのコンストラクタ呼び出し時にプレイヤー0視点にしているので、WinningStatus::FIRSTを勝利、WinningStatus::SECONDを負けとして扱います。

コード6.2.6　MCTS計算用Nodeクラスの実装（02_MCTSSimulation.cpp）

```
01: namespace altanate_motecalo
02: {
03:     // ランダムプレイアウトをして勝敗スコアを計算する
04:     double playout(AlternateState *state)
05:     {
06:         switch (state->getWinningStatus())
07:         {
08:         case (WinningStatus::FIRST): // WIN
09:             return 1.;
10:         case (WinningStatus::SECOND): // LOSE
11:             return 0.;
12:         case (WinningStatus::DRAW):
13:             return 0.5;
14:         default:
15:             state->advance(randomAction(*state));
16:             return 1. - playout(state);
17:         }
18:     }
19:     constexpr const double C = 1.;              // UCB1の計算に使う定数
20:     constexpr const int EXPAND_THRESHOLD = 10; // ノードを展開する閾値
21:
22:     // MCTSの計算に使うノード
23:     class Node
24:     {
25:     private:
26:         AlternateState state_;
27:         double w_;
28:
29:     public:
30:         std::vector<Node> child_nodes;
31:         double n_;
32:
33:         // ノードの評価を行う
34:         double evaluate()
```

次ページへ続く

```
35:        {
36:            if (this->state_.isDone())
37:            {
38:                double value = 0.5;
39:                switch (this->state_.getWinningStatus())
40:                {
41:                case (WinningStatus::FIRST):
42:                    value = 1.;
43:                    break;
44:                case (WinningStatus::SECOND):
45:                    value = 0.;
46:                    break;
47:                default:
48:                    break;
49:                }
50:                this->w_ += value;
51:                ++this->n_;
52:                return value;
53:            }
54:            // ~略~
55:        }
56:        // ~略~
57:    };
58: }
```

MCTS を実装する

　MCTS の実装をします（**コード6.2.7**）。SimultaneousState からプレイヤーを指定して AlternateState に変換した後に探索を開始する点に注意してください。

コード6.2.7　MCTSの実装（02_MCTSSimulation.cpp）

```
01: // プレイアウト数を指定してMCTSで行動を決定する
02: namespace altanate_motecalo
03: {
04:     int mctsAction(
05:         const State &base_state,
06:         const int player_id,
07:         const int playout_number)
08:     {
09:         auto state = AlternateState(base_state, player_id);
10:         Node root_node = Node(state);
11:         root_node.expand();
12:         for (int i = 0; i < playout_number; i++)
13:         {
14:             root_node.evaluate();
15:         }
16:         auto legal_actions = state.legalActions();
17:
18:         int best_action_searched_number = -1;
19:         int best_action_index = -1;
20:         assert(legal_actions.size() == root_node.child_nodes.size());
```

次ページへ続く

```
21:        for (int i = 0; i < legal_actions.size(); i++)
22:        {
23:            int n = root_node.child_nodes[i].n_;
24:            if (n > best_action_searched_number)
25:            {
26:                best_action_index = i;
27:                best_action_searched_number = n;
28:            }
29:        }
30:        return legal_actions[best_action_index];
31:    }
32: }
33: using altanate_motecalo::mctsAction;
```

勝率を計算する

それでは原始モンテカルロ法と対戦してみましょう（**コード6.2.8**、**コマンド6.2.2**）。

コード6.2.8　MCTSの呼び出し（02_MCTSSimulation.cpp）

```
01: int main()
02: {
03:     auto ais = std::array<StringAIPair, 2>{
04:         StringAIPair("mctsAction", [](const State &state, const int player_id)
05:                     { return mctsAction(state, player_id, 1000); }),
06:         StringAIPair("primitiveMontecarloAction",
07:                     [](const State &state, const int player_id)
08:                     { return primitiveMontecarloAction(state, player_id, 1000); }),
09:     };
10:
11:     testFirstPlayerWinRate(ais, 500);
12:
13:     return 0;
14: }
```

コマンド6.2.2　MCTSと原始モンテカルロ法の対戦

```
$ wsl
$ cd sample_code/06_SimultaneousGame/
$ g++ -O3 -std=c++17 -o 02_MCTSSimulation 02_MCTSSimulation.cpp
$ ./02_MCTSSimulation
```

　実行の結果、MCTSは原始モンテカルロ法に51.6％の勝率で勝つことができました（**図6.2.2**）。たしかに勝っていますが、あまり大きな差がついていないことがわかります。

図6.2.2　MCTS vs 原始モンテカルロ法のプレイ結果

```
Winning rate of mctsAction to primitiveMontecarloAction:        0.516
```

DUCT
[Decoupled Upper Confidence Tree]

6.3.1 DUCTの特徴と動作〜コンテストで大注目！同時着手ならこれ！

　前節では、交互着手ゲームとしてシミュレーションすることで、同時着手ゲームにMCTSを適用する方法を説明しました。しかし、交互着手ゲームの時と比較して、MCTSの原始モンテカルロ法に対する勝率があまり高くないことがわかりました。これはなぜでしょうか。

　まず、以下のような初期盤面を考えます。

● 同時着手数字集め迷路の初期状態（再掲）

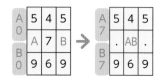

　同時着手数字集め迷路では本来、AとBが同時に中央に進んだ場合、両者がスコア7を取得し、その後に床の7が消えます。

● 同時着手での正しい動作

A0	5	4	5
	A	7	B
B0	9	6	9

→

A7	5	4	5
	.	AB	.
B7	9	6	9

　この動作を、MCTSなどの交互着手用アルゴリズムで探索することを考えます。

　この場合、Aが中央の7を取得した後、床の7が消えてからBが中央に進みます。床のポイントが消えるタイミングがずれることで、本来の動作とポイントに差が出てしまいます。

● 交互着手としてシミュレーションする例

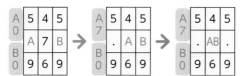

Aが中央の7を所得、　　床の7がないため、
床の7が消える　　　　Bはスコアを取得しないシミュレート

　このような理由で、交互着手用アルゴリズムをそのまま同時着手ゲームに適用すると、シミュレーションが不正確になる影響が出てしまいます。

　上の例を見て、「交互着手としてシミュレーションする際、偶数ターンでのみ床のポイントの取得と消失をすればよいのでは？」と感じた方もいるかもしれません。その考え方は、今回の例では正しいです。ですが、このような工夫でシミュレーションの不正確さを回避できないゲーム性の場合もあります。また、シミュレーションの不正確さの他に、相手の行動を事前に知っている状態かどうかという点でも探索に影響が出てしまいます。

　以上の理由から、両者が同時に着手するルールを正確にシミュレーションする探索方法としてDUCT(Decoupled Upper Confidence Tree)を紹介します。

DUCTの動作

　まず、ゲーム木を構築して展開と選択を繰り返すという点はMCTSと同じです。

　大きな違いとして、自分と相手の行動が同時であるため、1つのノードに両者の情報を持つという点です。大まかな図にすると、以下のように、自分の合法手と相手の合法手から1つずつを組み合わせた全パターンに対して情報を持ち、各組合せから子ノードを展開します。

● DUCTの木の構造

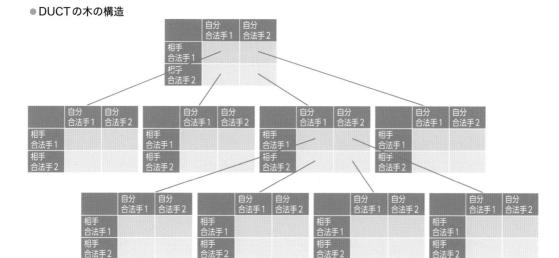

　1つのノードが持つ情報について掘り下げて説明します。

　先述した初期状態で、自分がプレイヤーAだとします。自分は「右、下、上」に移動でき、相手は「左、下、上」に移動できる状態です。自分と相手の合法手の組合せを全パターン記録するには、下図のように表形式で持つとわかりやすいです。

● DUCTの累計価値表1

	自分が右移動	自分が下移動	自分が上移動	相手の選択用 合計	
相手が 左移動	w: 8.5 n: 9	w: 6 n: 10	w: 7 n: 10	w: 21.5 n: 29	1 - w/n: 0.26 UCB1:0.82
相手が 下移動	w: 7 n: 15	w: 15.5 n: 20	w: 6 n: 8	w: 28.5 n: 43	1 - w/n: 0.34 UCB1:0.80
相手が 上移動	w: 4 n: 10	w: 8 n: 15	w: 8 n: 9	w: 20 n: 34	1 - w/n: 0.41 UCB1:0.94
自分の 選択用 合計	w: 19.5 n: 34	w: 29.5 n: 45	w: 21 n: 27		
	w/n: 0.57 UCB1: 1.10	w/n: 0.66 UCB1: 1.11	w/n: 0.78 UCB1: 1.37		

　選択について考えます。

　MCTSにおける選択では、対象ノードに対応する手番のプレイヤーについてのみ選択すればよいですが、今回は自分の行動と相手の行動の両方を選択する必要があります。上の図のように各ノードの累計価値と試行回数が記録されたとします。

　「自分が右移動」の累計価値と試行回数は、「自分右、相手左」、「自分右、相手下」、「自分右、相手上」の3ノードの合計「w: 19.5、n: 34」とします。「自分が下移動」、「自分が上移動」についても同様の計算をし、UCB1が最大の行動を選択すればよいです。

　相手の行動選択についても同様に各行動の合計を計算します。この時、相手の行動のUCB1計算に使う勝率は、相手視点で計算する必要がある点に注意してください。数字集め迷路は零和（どちらかのプレイヤーが得した場合、もう片方のプレイヤーがその得と同量の損をする）であるため、片方のプレイヤーの累計価値を覚えておけば他方のプレイヤーの累計価値も計算（上の表では1.0 - w/n）で求められます。今回の場合、自分の行動の中でUCB1の値が最大の上移動、相手の行動の中でUCB1の値が最大の上移動を選択します。

　展開については、通常のMCTSと同様です。展開の閾値を10にしていた場合、「自分が上移動、相手が上移動」の試行回数が9 + 1 = 10となるので、このノードを展開すればよいです。

● 両者が上移動した盤面

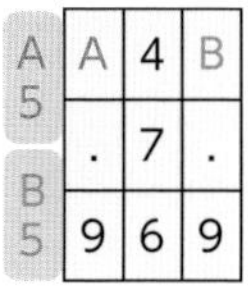

A5	A	4	B
	.	7	.
B5	9	6	9

　「自分が上移動、相手が上移動」を行った後の盤面は上の図のようになるため、自分は「右、下」、相手は「左、下」に移動できます。よって、展開先のノードは以下のように記録していきます。

● DUCTの累計価値表2

	自分が右移動	自分が下移動	合計	
相手が 左移動	w: 0 n: 0	w: 0 n: 0	w: 0 n: 0	1 - w/n: UCB1:
相手が 下移動	w: 0 n: 0	w: 0 n: 0	w: 0 n: 0	1 - w/n: UCB1:
合計	w: 0 n: 0	w: 0 n: 0		
	w/n: UCB1:	w/n: UCB1:		

　このような手順で選択と展開を繰り返し、最後に試行回数が最も多かったノードに到達する行動を選択します。

　上に記載した2つの表の通り、ある盤面における自身の合法手の数がN、相手の合法手の数がMだとすると、対応するノードから展開されるノード数はN×M個です。このため、計算した勝率がある程度信頼できる精度に到達するまでに大量の試行回数が必要となります。

　ゲーム性によっては、同時着手ゲームでもDUCTよりMCTSのほうが勝率が高いという報告もあるため、どの程度の試行回数を確保できるのか、同時着手性によるゲームへの影響範囲はどの程度か、といった点を考慮した手法選定をするとよいでしょう。

6

6.3.2 DUCTの実装

まず、MCTS同様に定数を設定します（**コード6.3.1**）。

コード6.3.1　定数の設定（03_DUCT.cpp）

```
01: constexpr const double C = 1.;          // UCB1の計算に使う定数
02: constexpr const int EXPAND_THRESHOLD = 5; // ノードを展開する閾値
```

表6.3.1のようなメソッドを持つNodeクラスを用意します。

表6.3.1　MCTSの計算に使うNodeクラスのメソッド｀

メソッド	説明
Node(const State &state)	コンストラクタ
void evaluate()	ノードからリーフノードまで評価、選択し、プレイアウトするまでの過程を1セット行う。
void expand()	ノードを展開する。
Node &nextChildNode()	どのノードを評価するか選択する。

DUCTのメイン部を実装する

メイン部から説明します（**コード6.3.2**）。

1手目を展開し、指定回数evaluateを呼ぶところまではMCTSと同様の手順です。DUCTでは、自分の行動と相手の行動を表で持っているため、最終的な手を選択する部分で、自分が表の縦側か横側かによってコードを変える必要があります。39〜57行目では、プレイヤーidが1の時の自分の最大試行回数となる行動を選択します。ノードの添え字をプレイヤーidが0の時と同じ[i][j]にしている代わり、二重for文の外側をjのfor文に変えている点に注意してください。

コード6.3.2　DUCTのメイン部の実装（03_DUCT.cpp）

```
01: namespace montecarlo
02: {
03:     class Node{
04:     // ~略~
05:     };
06:
07:     // プレイアウト数を指定してDUCTで指定したプレイヤーの行動を決定する
08:     int ductAction(const State &state, const int player_id, const int playout_number)
09:     {
10:         Node root_node = Node(state);
11:         root_node.expand();
12:         for (int i = 0; i < playout_number; i++)
13:         {
14:             root_node.evaluate();
```

次ページへ続く

```
15:         }
16:         auto legal_actions = state.legalActions(player_id);
17:         int i_size = root_node.child_nodeses_.size();
18:         int j_size = root_node.child_nodeses_[0].size();
19:
20:         if (player_id == 0)
21:         {
22:             int best_action_searched_number = -1;
23:             int best_action_index = -1;
24:             for (int i = 0; i < i_size; i++)
25:             {
26:                 int n = 0;
27:                 for (int j = 0; j < j_size; j++)
28:                 {
29:                     n += root_node.child_nodeses_[i][j].n_;
30:                 }
31:                 if (n > best_action_searched_number)
32:                 {
33:                     best_action_index = i;
34:                     best_action_searched_number = n;
35:                 }
36:             }
37:             return legal_actions[best_action_index];
38:         }
39:         else
40:         {
41:             int best_action_searched_number = -1;
42:             int best_j = -1;
43:             for (int j = 0; j < j_size; j++)
44:             {
45:                 int n = 0;
46:                 for (int i = 0; i < i_size; i++)
47:                 {
48:                     n += root_node.child_nodeses_[i][j].n_;
49:                 }
50:                 if (n > best_action_searched_number)
51:                 {
52:                     best_j = j;
53:                     best_action_searched_number = n;
54:                 }
55:             }
56:             return legal_actions[best_j];
57:         }
58:     }
59: }
```

6

Nodeクラスのコンストラクタの実装はMCTSと大差ないため省略します。

ノードを評価するevaluateを実装する

　ノードを評価するevaluateの実装ですが、交互着手ゲームの時と異なり、「現在のプレイヤー」という情報を持ちません。そこで、**プレイヤー0視点での評価**をするように実装します（**コード6.3.3**）。33行目の評価を計算する部分は、MCTSの実装では視点変更のために1から評価値を引いていましたが、今回は視点変更の処理が不要な点に注意してください。

コード6.3.3　Nodeクラスのevaluateメソッドの実装（03_DUCT.cpp）

```
01: // MCTSの計算に使うノード
02: class Node
03: {
04: public:
05: // ~略~
06:         // プレイヤー0視点でノードの評価を行う
07:         double evaluate()
08:         {
09:             if (this->state_.isDone())
10:             {
11:                 double value = 0.5;
12:                 switch (this->state_.getWinningStatus())
13:                 {
14:                 case (WinningStatus::FIRST):
15:                     value = 1.;
16:                     break;
17:                 case (WinningStatus::SECOND):
18:                     value = 0.;
19:                     break;
20:                 default:
21:                     break;
22:                 }
23:                 this->w_ += value;
24:                 ++this->n_;
25:                 return value;
26:             }
27:             if (this->child_nodeses_.empty())
28:             {
29:                 // ~略~
30:             }
31:             else
32:             {
33:                 double value = this->nextChildNode().evaluate();
34:                 this->w_ += value;
35:                 ++this->n_;
36:                 return value;
37:             }
38:         }
39: };
```

展開を実装する

　展開の実装をします（**コード6.3.4**）。

　MCTSの時は現在プレイヤー視点の合法手分のノードを展開するため、1次元配列で実装していました。今回は両プレイヤーの合法手の組合せ分を展開するため、5行目のように2次元配列を用意します。後は14〜24行目の通り、両者の合法手ごとにforループをネストし、対応するノードを展開すればよいです。次の図のように2次元配列とループが対応します。

● 展開の実装イメージ

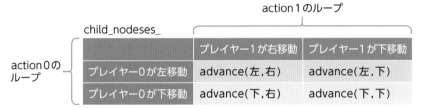

コード6.3.4　展開の実装（03_DUCT.cpp）

```
01: // MCTSの計算に使うノード
02: class Node
03: {
04: public:
05:     std::vector<std::vector<Node>> child_nodeses_;
06:
07: // ~略~
08:     // ノードを展開する
09:     void expand()
10:     {
11:         auto legal_actions0 = this->state_.legalActions(0);
12:         auto legal_actions1 = this->state_.legalActions(1);
13:         this->child_nodeses_.clear();
14:         for (const auto &action0 : legal_actions0)
15:         {
16:             this->child_nodeses_.emplace_back();
17:             auto &target_nodes = this->child_nodeses_.back();
18:             for (const auto &action1 : legal_actions1)
19:             {
20:                 target_nodes.emplace_back(this->state_);
21:                 auto &target_node = target_nodes.back();
22:                 target_node.state_.advance(action0, action1);
23:             }
24:         }
25:     }
26: };
```

ノード選択を実装する

　ノード選択の実装をします（**コード6.3.5**）。全文だとあまりに長いため、序盤は省略します。

　11行目のように、プレイヤー0とプレイヤー1、それぞれの選択手を格納する変数を用意します。15〜34行目でプレイヤー0の手を、37〜55行目でプレイヤー1の手を選択します。21〜26行目のように、1手分の累計価値と試行回数を計算するにも相手の行動全パターン分の価値と試行回数を足す必要があります。

　プレイヤー1の手を計算する際は、38行目と42行目のようにfor文の添え字を逆転させます。先述のevaluateはプレイヤー0視点で評価したため、48行目のように評価を逆転させる点に注意してください。

コード6.3.5　選択の実装(03_DUCT.cpp)

```
01: // MCTSの計算に使うノード
02: class Node
03: {
04: public:
05: // ~略~
06:     // どのノードを評価するか選択する
07:     Node &nextChildNode()
08:     {
09:         // ~略~
10:
11:         int best_is[] = {-1, -1};
12:
13:         // プレイヤー0側の行動選択
14:         // 思考するプレイヤーがどちらかに関係なくここではプレイヤー0側の行動
15:         double best_value = -INF;
16:         for (int i = 0; i < this->child_nodeses_.size(); i++)
17:         {
18:             const auto &childe_nodes = this->child_nodeses_[i];
19:             double w = 0;
20:             double n = 0;
21:             for (int j = 0; j < childe_nodes.size(); j++)
22:             {
23:                 const auto &child_node = childe_nodes[j];
24:                 w += child_node.w_;
25:                 n += child_node.n_;
26:             }
27:
28:             double ucb1_value = w / n + (double)C * std::sqrt(2. * std::log(t) / n);
29:             if (ucb1_value > best_value)
30:             {
31:                 best_is[0] = i;
32:                 best_value = ucb1_value;
33:             }
34:         }
35:         // プレイヤー1側の行動選択
36:         // 思考するプレイヤーがどちらかに関係なくここではプレイヤー1側の行動
```

次ページへ続く

```
37:        best_value = -INF;
38:        for (int j = 0; j < this->child_nodeses_[0].size(); j++)
39:        {
40:            double w = 0;
41:            double n = 0;
42:            for (int i = 0; i < this->child_nodeses_.size(); i++)
43:            {
44:                const auto &child_node = child_nodeses_[i][j];
45:                w += child_node.w_;
46:                n += child_node.n_;
47:            }
48:            w = 1. - w; // 敵側の行動選択フェーズなので、ここは評価を反転する必要がある
49:            double ucb1_value = w / n + (double)C * std::sqrt(2. * std::log(t) / n);
50:            if (ucb1_value > best_value)
51:            {
52:                best_is[1] = j;
53:                best_value = ucb1_value;
54:            }
55:        }
56:
57:        return this->child_nodeses_[best_is[0]][best_is[1]];
58:    }
59: };
```

MCTSと対戦する

それではMCTSと対戦してみましょう（**コード6.3.6**、**コマンド6.3.1**）。

コード6.3.6　DUCTの呼び出し(03_DUCT.cpp)

```
01: int main()
02: {
03:     auto ais = std::array<StringAIPair, 2>{
04:         StringAIPair("ductAction", [](const State &state, const int player_id)
05:                     { return ductAction(state, player_id, 1000); }),
06:         StringAIPair("mctsAction", [](const State &state, const int player_id)
07:                     { return mctsAction(state, player_id, 1000); }),
08:     };
09:
10:     testFirstPlayerWinRate(ais, 500);
11:
12:     return 0;
13: }
```

コマンド6.3.1　DUCTとMCTSの対戦を実行

```
> wsl ⏎
$ cd sample_code/06_SimultaneousGame/ ⏎
$ g++ -O3 -std=c++17 -o 03_DUCT 03_DUCT.cpp ⏎
$ ./03_DUCT ⏎
```

　実行の結果、DUCTはMCTSに56％の勝率で勝つことができました（**図6.3.1**）。

図6.3.1　DUCT vs MCTSのプレイ結果

```
Winning rate of ductAction to mctsAction:        0.56
```

第 7 章

よりよい探索をするための
テクニック

ここまで、ゲームを大別して種別ごとに利用できるアルゴリズムを紹介してきました。本章では、ここまでに学んだアルゴリズムをより効果的に活用する方法を紹介します。文脈のある一人ゲームを例に説明していくため、特にビームサーチ系統のテクニックが多くなりますが、考え方は他のアルゴリズムにも共通します。

7.1

サンプルゲーム紹介
〜壁有り数字集め迷路

7.1.1 壁有り数字集め迷路とは

　本章では、第3章で紹介したアルゴリズムをベースに紹介します。

　第3章で説明に使用した数字集め迷路は、応用テクニックを説明するにはゲームが単純すぎるため、ルールを加えます。今回は壁（図中の#）という概念を追加します（**表7.1.1**）。

表7.1.1　壁有り数字集め迷路のルール

	説明
プレイヤーの目的	ゲーム終了時点のスコアを高くする。
プレイヤーの人数	一人
プレイヤーの着手タイミング	1ターンに1回
プレイヤーができること	各ターン、キャラクター(@)を上下左右の四方向いずれかの場所に1マス移動させる。立ち止まること、**壁のあるマス**や盤面の外に移動させることはできない。
ゲームの終了条件	特定ターン経過する。
その他	キャラクターはランダムに初期配置される。壁は全ての床がつながるようにランダムに配置される。キャラクターが移動した先にポイントがある場合、そのポイントの値をゲームスコアに加算し、床のポイントは消失する。

　壁有り数字集め迷路の初期状態は次の通りです。

● 壁有り数字集め迷路の初期状態

Score: 0				
2	5	.	1	.
#	#	5	#	#
9	7	6	.	.
2	#	@	#	#
.	#	4	9	3

　壁には、キャラクターが侵入できないものとします。

●合法手の例   ●非合法手の例

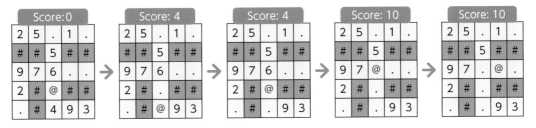

　壁有り数字集め迷路の動作例を以下に示します。壁に侵入できない点以外は、第3章の数字集め迷路とルールに変更はありません。

●壁有り数字集め迷路の動作例

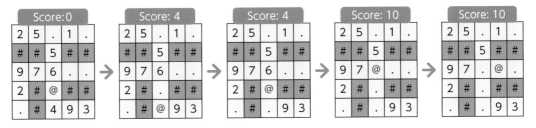

7.1.2 壁有り数字集め迷路の実装

コンストラクタを実装する

　壁有り数字集め迷路のコンストラクタを実装します（**コード7.1.1**）。

　5行目では、壁の位置を表す配列walls_を定義します。walls_[y][x]が1なら座標(y,x)に壁があり、0なら壁がないことを示します。

　壁の生成には、「棒倒し法」という迷路生成アルゴリズムを利用します。本書のテーマである探索アルゴリズムから離れてしまうので詳細は省きますが、棒倒し法を利用することで、侵入できない床が存在しないように壁を生成できます。

コード7.1.1　壁有り数字集め迷路のコンストラクタ（00_WallMazeState.cpp）

```
01: class WallMazeState
02: {
03: private:
04:     // ~略~
05:     int walls_[H][W] = {};
06: public:
```

次ページへ続く

```
07:     // ～略～
08:     ScoreType evaluated_score_ = 0; // 探索上で評価したスコア
09:     int first_action_ = -1;         // 探索木のルートノードで最初に選択した行動
10:
11:     WallMazeState(const int seed)
12:     {
13:         auto mt_for_construct = std::mt19937(seed); // 盤面構築用の乱数生成器を初期化
14:
15:         this->character_.y_ = mt_for_construct() % H;
16:         this->character_.x_ = mt_for_construct() % W;
17:
18:         // 棒倒し法で壁を生成する。
19:         for (int y = 1; y < H; y += 2)
20:             for (int x = 1; x < W; x += 2)
21:             {
22:                 int ty = y;
23:                 int tx = x;
24:                 // ここで(ty,tx)は1マス置きの位置
25:                 if (ty == character_.y_ && tx == character_.x_)
26:                 {
27:                     continue;
28:                 }
29:                 this->walls_[ty][tx] = 1;
30:                 int direction_size = 3; // (右、左、下)方向の隣接マスを壁方向にする。
31:                 if (y == 1)
32:                 {
33:                     direction_size = 4; // 最初だけ上方向の隣接マスも壁候補にする。
34:                 }
35:                 int direction = mt_for_construct() % direction_size;
36:                 ty += dy[direction];
37:                 tx += dx[direction];
38:                 // ここで(ty,tx)は1マス置きの位置からランダムに隣接する位置
39:                 if (ty == character_.y_ && tx == character_.x_)
40:                 {
41:                     continue;
42:                 }
43:                 this->walls_[ty][tx] = 1;
44:             }
45:
46:         for (int y = 0; y < H; y++)
47:             for (int x = 0; x < W; x++)
48:             {
49:                 if (y == character_.y_ && x == character_.x_)
50:                 {
51:                     continue;
52:                 }
53:
54:                 this->points_[y][x] = mt_for_construct() % 10;
55:             }
56:     }
57: }
```

合法手を求める

合法手を求めるlegalActionsを修正します（**コード7.1.2**）。

移動先が通過可能かチェックする13行目で、壁がないことの確認のためにthis->walls_[ty][tx] == 0をチェック項目に追加します。

コード7.1.2 壁有り数字集め迷路のlegalActionsの修正（00_WallMazeState.cpp）

```
01: class WallMazeState
02: {
03: public:
04:     // ~略~
05:     // ［どのゲームでも実装する］ : 現在の状況でプレイヤーが可能な行動を全て取得する
06:     std::vector<int> legalActions() const
07:     {
08:         std::vector<int> actions;
09:         for (int action = 0; action < 4; action++)
10:         {
11:             int ty = this->character_.y_ + dy[action];
12:             int tx = this->character_.x_ + dx[action];
13:             if (ty >= 0 && ty < H && tx >= 0 && tx < W && this->walls_[ty][tx] == 0)
14:             {
15:                 actions.emplace_back(action);
16:             }
17:         }
18:         return actions;
19:     }
20: };
```

toStringも修正を加えますが、本質的には重要ではないため、詳細はサンプルコードをご参照ください。

ゲームを実行する

それではゲームを実行します（**コード7.1.3**、**コマンド7.1.1**）。

コード7.1.3 ゲームの実行（00_WallMazeState.cpp）

```
01: // シードを指定してゲーム状況を表示しながらAIにプレイさせる。
02: int main()
03: {
04:     playGame(/*盤面初期化のシード*/ 1);
05:     return 0;
06: }
```

コマンド7.1.1　ゲームの実行

```
> wsl 
$ cd sample_code/07_Advanced/ 
$ g++ -O3 -std=c++17 -o 00_WallMazeState 00_WallMazeState.cpp 
$ ./00_WallMazeState 
```

実行結果は**図7.1.1**のようになります。

図7.1.1　ランダム行動のプレイ結果

```
turn:     0              turn:     3
score:    0              score:    10
25.1.                    25.1.
##5##                    ##5##
976..                    97@..
2#@##                    2#.##
.#493                    .#.93

turn:     1              turn:     4
score:    4              score:    10
25.1.                    25.1.
##5##                    ##5##
976..                    97.@.
2#.##                    2#.##
.#@93                    .#.93

turn:     2
score:    4
25.1.
##5##
976..
2#@##
.#.93
```

出力を図にすると以下のようになります。

● 壁有り数字集め迷路の動作例(再掲)

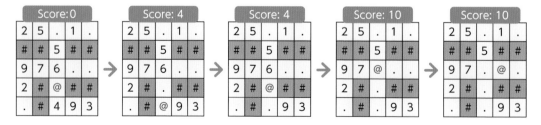

7.2 評価関数の設計

7.2.1 実スコア以外の補助スコアを加える

以下のように、壁以外の隣接マスのポイントが全て同じ盤面で、残りターン数は2だとします。

● 壁以外の隣接マスのポイントが全て同じ盤面

残り2ターンでの最適解は、上、右に進んでスコア2を得ることです。

● 2ターン分の最適解

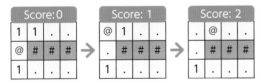

もし1ターン目で下移動をしてしまった場合、隣接マスにポイントがないため、2ターン目でのスコア2到達は不可能です。

● 1ターン目で下移動した場合の盤面

第3章のように、実スコアを評価として貪欲法を適用した場合を考えます。ここでは下に進んでも上に進んでも1手後のスコアが同じであるため、先に見つけた下移動を選択してしまいます[注1]。

● 貪欲法では合法手のスコア差が出ない例

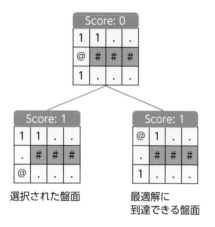

ビームサーチやChokudaiサーチならば、今回のような簡単なケースでは最適解の上移動を選択できそうですが、より複雑なケースではよい解を見つけられるとは限りません。

そこで、実スコアの他に、盤面のよさを判断できる指標を探索用評価に加えてみましょう。今回の壁有り数字集め迷路では、「ポイントのある床への最短距離」を評価に利用してみます。

黄色く塗ったマスは、ポイントのある床までの最短経路です。左の盤面ではポイントのある床までの距離は2、右の盤面では1です。

● キャラクターから最寄りのポイントへの距離

これを評価にどう組み込むか考えます。ポイントのある床までの距離は、短いほうがよいです。そこで、実スコアに加え、ポイントまでの最短距離を引いた値を評価値として、貪欲法で探索してみましょう。

$$eval = score - distance$$

注1　貪欲法で合法手のスコアが全て同じだった場合、先に見つけたほうを選ぶか後に見つけたほうを選ぶかは実装によります。本書の実装では、先に見つけたほうを選びます。

　左の盤面は *eval*=1-2=-1、右の盤面は *eval*=1-1=0 となり、今回は右の盤面のほうが評価値が高くなりました。

● eval=score-distanceで貪欲法を適用した例

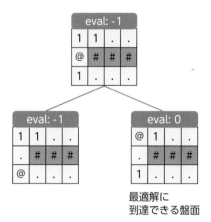

最適解に
到達できる盤面

　次のターンもこの評価値を貪欲法に適用して進めてみましょう。
　左の盤面は *eval*=2-3=-1、右の盤面は *eval*=1-1=0 となり、右の盤面を選んでしまいます。実スコア上は左の盤面が最適解なので、この方針では最適解には到達できません。

● eval=score-distanceで2ターン目の貪欲法を適用した例

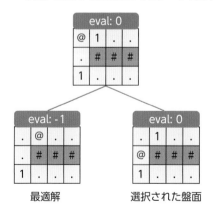

最適解　　　選択された盤面

　これは、「実スコア」と「距離」の評価の重要度を同じにしてしまったことが問題です。ポイントへの最短距離はゲームの盤面を評価する上で有効な指標ではありますが、ゲームの目的である実スコアのほうがより重要です。

そこで、実スコアはポイントへの最短距離よりも10倍重視するという評価に変えてみます。

$$eval = score \times 10 - distance$$

1ターン目の選択は前回と同じで、最適解に到達できる手を選択できました。

● eval=score×10-distanceで貪欲法を適用した例

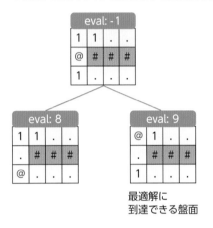

2ターン目では、左の盤面は$eval=20-3=17$、右の盤面は$eval=10-1=9$となり、最適解である左の盤面を選択できました。

● eval=score×10-distanceで2ターン目の貪欲法を適用した例

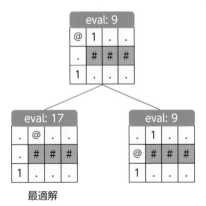

このように、実スコアを評価値とするだけではよい解を見つけにくいような状況でも、ゲーム性を考察し、評価方法を工夫することでより効率的によい解を見つけられます。今回はかなり単

純な例でしたが、より複雑なゲームでは、以下のように複数の要素を重ねて評価することでより
よい探索ができる場合があります。

$$eval = score + \alpha x + \beta y + \gamma z + \cdots$$

　α, β, γは、今回の例で10倍にしたような重要度を表していています。

　x, y, zはゲームに特有の状況を表す値で、今回の例ではポイントへの距離が該当します。ここ
に設定する値は距離である必要はなく、「プレイヤーが侵入できるエリアの面積」「2歩以内にあ
るポイントの数」など、状況を評価するのに有益な情報だと思うものを好きに設定すればよいです。
その値がプレイヤーにとって有益なものなら重要度をプラス、良くないものなら重要度をマイナ
スにすることで、評価値全体はプレイヤーにとって正の評価として扱えます。

　ゲームに応じて、どのような評価をするとよりよいスコアを得られるか考えましょう。

7.2.2　実スコア以外の補助スコアを加える方針の実装

実スコアでビームサーチを適用した場合のスコアを確認する

　補助スコアの実装に入る前に、実スコアでビームサーチを適用した場合の平均スコアを確認し
ておきましょう（**コード7.2.1**、**コマンド7.2.1**）。スコアの差がわかりやすくなるよう、少し盤
面の大きさと終了ターンを調整しておきます。

コード7.2.1　実スコアでのビームサーチをする実験(01_GameScore.cpp)

```
01: constexpr const int H = 7;    // 迷路の高さ
02: constexpr const int W = 7;    // 迷路の幅
03: constexpr int END_TURN = 49; // ゲーム終了ターン
04:
05: int main()
06: {
07:     int beamwidth = 100;
08:     int beamdepth = END_TURN;
09:     const auto &ai = StringAIPair("beamSearchAction", [&](const State &state)
10:                         { return beamSearchAction(state, beamwidth, beamdepth); });
11:     testAiScore(ai, /*ゲーム回数*/ 100);
12:     return 0;
13: }
```

コマンド7.2.1　実スコアでビームサーチを実行

```
> wsl
$ cd sample_code/07_Advanced/
$ g++ -O3 -std=c++17 -o 01_GameScore 01_GameScore.cpp
$ ./01_GameScore
```

　実行結果は**図7.2.1**のようになります。この125.24という値は、補助スコア導入後の結果と比較するのに使います。

図7.2.1　実スコアでのビームサーチした結果

```
Score of beamSearchAction:        125.24
```

補助スコアを加える

　それでは本題の、補助スコアを加える実装を進めます。まずは、キャラクターから最も近いポイントのある床までの距離を求める関数を実装します。

　さて、「最も近い」はどう実装しましょうか。盤面上にはポイントのある床は複数存在するため、どれが一番近いかを考える必要があります。また、キャラクターの侵入を阻む壁もあるため、距離を計算するのも単なるマンハッタン距離 (各軸の座標間の差の和) やユークリッド距離 (三平方の定理) は今回求めたい距離とは異なりそうです。

　そこで、今回は、壁に阻まれることを想定した距離の計算に**幅優先探索**というアルゴリズムを利用します。たとえば、以下のようにポイントが2つある盤面を考えます。説明の都合上、ポイントは数字ではなくPで表示しています。

● 壁をはさんだ反対側にポイントがある盤面

.	P	.	.	P
.	#	#	#	.
.	@	.	#	.
#	#	.	#	.

　この時、キャラクターの位置から隣接する壁でないマス全てに1と印をつけます (印1)。これは、キャラクターの位置から1歩で到達できることを示します。

　その後、すでに印のついているマスから隣接する印のついていないマスに2と印をつけます (印2)。これと同様の手順を、ポイントに印がつくまで繰り返します。今回のケースでは、最初にポイントにつけた印は4でした。これがポイントまでの最短距離となります。

　このように、隣接する箇所を広げながら近い順に探索する手法を幅優先探索 (Breadth First Search) と呼びます。今回は最短距離を求めるのに利用しましたが、キャラクターが指定歩数以内で行ける箇所の面積やポイントの総和を求める場合など、さまざまな用途で幅優先探索は使えます。

● 幅優先探索で最短距離を計算する流れ

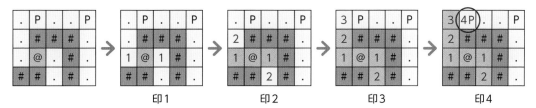

まず、探索中のマスの、キャラクターからの距離と座標を記録するため、記録用の構造体を実装します（**コード7.2.2**）。キャラクターの位置から探索を始められるよう、座標用構造体のCoordを引数にしたコンストラクタも実装しておきます。

コード7.2.2 座標と距離の記録用構造体の実装（02_DistanceScore.cpp）

```
01: struct DistanceCoord
02: {
03:     int y_;
04:     int x_;
05:     int distance_;
06:     DistanceCoord() : y_(0), x_(0), distance_(0) {}
07:     DistanceCoord(const int y, const int x, const int distance) :
08:                           y_(y), x_(x), distance_(distance) {}
09:     DistanceCoord(const Coord &coord) : y_(coord.y_), x_(coord.x_), distance_(0) {}
10: };
```

7

POINT　幅優先探索と似た用途の手法として、第5章でも紹介した深さ優先探索（Depth First Search）があります。幅優先探索との違いは、探索の順序が異なる点です。詳細は省きますが、深さ優先探索で今回のポイントを探す処理を実装した場合、最初に見つかったポイントが最も近いとは限りません。今回は最短距離を求めたいため、幅優先探索を選択しました。

幅優先探索を実装する

幅優先探索を実装します（**コード7.2.3**）。

8～9行目で、キャラクターの座標をDistanceCoord型のdequeに入れます。これにより、初めて13行目に到達した時点ではtmp_codはキャラクターの座標が取り出されます。

ここに、21～31行目で隣接する壁でないマスを追加します。この時、**tmp_cod.distance_+1**を距離として記録することで、現在探索中のマスより距離が1だけ遠いマスを次回探索することを覚えます。

queはstd::deque<DistanceCoord>型なのでDistanceCoord型のオブジェクトを追加して使用するのですが、29行目のemplace_backの引数はty, tx, tmp_cod.distance_+1の3つで、

DistanceCoord 型ではないですね。C++ の std::deque や、その他の多くのコレクションクラスは、emplace から始まるメソッドでコンストラクタ呼び出しと同時にオブジェクトの追加ができます。今回の場合、que.emplace_back(ty, tx, tmp_cod.distance_ + 1) とすることで que.push_back(DistanceCoord(ty, tx, tmp_cod.distance_ + 1)) と同等の処理を高速に実現します。

　追加されたマスは 13 行目の処理で古い順に取り出していくので、キャラクターに近い順に処理が進みます。探索済みのマスは 2 回以上探索したくないので、19 行目でチェックをつけます。

　今回の目的は最も近いポイントまでの距離を計算することなので、15〜18 行目で到達判定をし距離を返して終了です。

コード 7.2.3　最も近いポイントまでの距離を計算する実装(02_DistanceScore.cpp)

```cpp
01: class WallMazeState
02: {
03: // ~略~
04: public:
05:     // 幅優先探索により、最も近いポイントのある床までの距離を計算する。
06:     int getDistanceToNearestPoint()
07:     {
08:         auto que = std::deque<DistanceCoord>();
09:         que.emplace_back(this->character_);
10:         std::vector<std::vector<bool>> check(H, std::vector<bool>(W, false));
11:         while (!que.empty())
12:         {
13:             const auto &tmp_cod = que.front();
14:             que.pop_front();
15:             if (this->points_[tmp_cod.y_][tmp_cod.x_] > 0)
16:             {
17:                 return tmp_cod.distance_;
18:             }
19:             check[tmp_cod.y_][tmp_cod.x_] = true;
20:
21:             for (int action = 0; action < 4; action++)
22:             {
23:                 int ty = tmp_cod.y_ + dy[action];
24:                 int tx = tmp_cod.x_ + dx[action];
25:
26:                 if (ty >= 0 && ty < H && tx >= 0 && tx < W
27:                  && !this->walls_[ty][tx] && !check[ty][tx])
28:                 {
29:                     que.emplace_back(ty, tx, tmp_cod.distance_ + 1);
30:                 }
31:             }
32:         }
33:         return H * W;
34:     }
35:
36: };
```

距離情報を評価に反映する

　距離情報を評価に反映します (**コード7.2.4**)。今回のゲームでは、盤面の大きさがH×Wのため、どんな経路を辿ろうと、ある2点間の距離がH×Wを超えることはありません。これを利用し、実スコアgame_score_の重みを`H * W`とすることで、ポイントまでの距離よりも必ず実スコアのほうを優先して評価できます。

コード7.2.4　距離情報を評価に反映する実装(02_DistanceScore.cpp)

```
01: class WallMazeState
02: {
03: // ～略～
04: public:
05:     // ［どのゲームでも実装する］: 探索用の盤面評価をする
06:     void evaluateScore()
07:     {
08:         // 評価に距離情報を加える
09:         this->evaluated_score_ =
10:             this->game_score_ * H * W - getDistanceToNearestPoint();
11:     }
12: };
```

　それでは実スコアで実験した時と同様の設定で実験をします (**コマンド7.2.2**)。

コマンド7.2.2　評価に距離情報を加えてビームサーチを実行

```
> wsl ⏎
$ cd sample_code/07_Advanced/ ⏎
$ g++ -O3 -std=c++17 -o 02_DistanceScore 02_DistanceScore.cpp ⏎
$ ./02_DistanceScore ⏎
```

　実行結果は**図7.2.2**のように、132.75となります。実スコアのみで実験した時の平均スコアは125.24だったので、スコアが改善されたことがわかります。

図7.2.2　評価に距離情報を加えてビームサーチした結果

```
Score of beamSearchAction:       132.75
```

7.3

多様性の確保方針

7.3.1 同一盤面除去

　これまで、よい探索には多様性が必要だということを何度か説明してきました。本節では多様性を確保するための工夫を紹介します。

　たとえば、以下のような盤面を考えます。

● もうすぐ同一盤面になる盤面

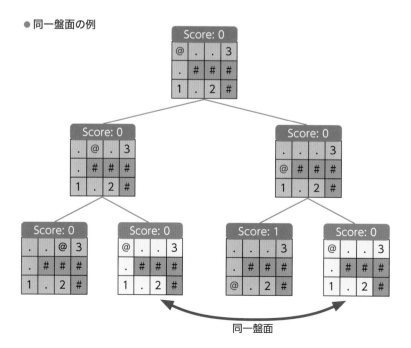

　この盤面から2手先までの盤面を全て考えます。ここで、「右→左」の移動をした後の盤面と、「下→上」の移動をした後の盤面は、スコア、キャラクター位置、床のポイント、全てが同じです。

● 同一盤面の例

これらの盤面のうち、1盤面だけ残し、残りは探索対象から除去します。このような処理を**同一盤面除去**と呼びます。

無駄な盤面を探索するのに使うはずだったリソースを別の盤面の探索に使えるため、より多様性のある探索ができるようになります。

7.3.2 同一盤面除去の実装

ハッシュを利用する

ビームサーチの実装を改変し、同一盤面除去を利用できるようにします（**コード7.3.1**）。

同一盤面除去の実装にあたっては**ハッシュ**を用います。ハッシュとは、元となる入力データに一定の手順の計算を施して求められた値のことです。後で詳しく説明しますが、特定の盤面と特定のハッシュはほぼ1対1の関係にあり、ハッシュを記録することで、その盤面を探索したかどうかを調べられます。

9行目で、過去に利用した盤面のハッシュを記録する集合を用意します。29行目で、探索キューへの追加が確定している盤面のハッシュを記録します。

深さ1以上の探索時、25〜28行目で、探索キューに追加しようとしている盤面がすでに探索済みか探索予定にあればその盤面を探索しないようにします。

コード7.3.1　同一盤面除去付きのビームサーチの実装(03_ZobristHash.cpp)

```cpp
01: #include <unordered_set>
02: // ビーム幅と深さを指定してビームサーチで行動を決定する
03: int beamSearchAction(const State &state, const int beam_width, const int beam_depth)
04: {
05:     std::priority_queue<State> now_beam;
06:     State best_state;
07:
08:     now_beam.push(state);
09:     auto hash_check = std::unordered_set<uint64_t>();
10:
11:     for (int t = 0; t < beam_depth; t++)
12:     {
13:         std::priority_queue<State> next_beam;
14:         for (int i = 0; i < beam_width; i++)
15:         {
16:             if (now_beam.empty())
17:                 break;
18:             State now_state = now_beam.top();
19:             now_beam.pop();
20:             auto legal_actions = now_state.legalActions();
21:             for (const auto &action : legal_actions)
22:             {
23:                 State next_state = now_state;
```

次ページへ続く

```
24:            next_state.advance(action);
25:            if (t >= 1 && hash_check.count(next_state.hash_) > 0)
26:            {
27:                continue;
28:            }
29:            hash_check.emplace(next_state.hash_);
30:            next_state.evaluateScore();
31:            if (t == 0)
32:                next_state.first_action_ = action;
33:            next_beam.push(next_state);
34:        }
35:    }
36:
37:    now_beam = next_beam;
38:    best_state = now_beam.top();
39:
40:    if (best_state.isDone())
41:    {
42:        break;
43:    }
44:    }
45:    return best_state.first_action_;
46: }
```

ハッシュとは

ハッシュについて詳しく説明をします。

今回の場合、「異なる盤面同士がなるべく異なる値になる」性質のハッシュを設計できれば、「ハッシュが異なること」は「同一盤面ではない」ことと同義になります。この関係性を利用すれば、上記のようにハッシュの集合を記録することで同一盤面を除去できます。壁有り数字集め迷路のような、マス目状の盤面に物が配置されるゲームでは、Zobrist hashing というハッシュ計算アルゴリズムがよく使われます。

異なる入力データから同じハッシュ値が計算されてしまうことを、**衝突**と言います。限られた容量、たとえば64 bitに収まる範囲でハッシュを持とうとした場合、入力パターンが多いほど衝突のないハッシュを設計することは難しくなります。

なるべく入力が簡単になるように、壁有り数字集め迷路では、ターンによって変化のない壁の情報や、盤面を表すのに本質的でないターン数といった情報はハッシュ計算に利用しないことにします。

ハッシュの計算には、以下を入力とすることを考えます。

- キャラクターの座標
- ポイントの値、座標

簡単のため、2×2の盤面を8bitのハッシュ値で表現することを考えます。

まず、何もない状態を0b0000_0000というハッシュ値で表すことにします。頭文字の0bは二進数のことで、0b0000_0000は10進数の0に相当します。

● ベースとなるハッシュ値

0b0000_0000

次に、盤面を構成する要素ごとに、各座標に存在する状態をランダムな値で表現します。たとえば、キャラクターの座標(y,x)が(0,0)の時に0b1110_1011、(1,0)の時に0b0011_1100のような値で初期化します。

● キャラクターの位置ごとに割り当てたランダム値

0b1110_1011	@	@	0b1010_1010
0b0011_1100	@	@	0b0010_1000

ポイントに対しても同様の手順で初期化します。

● 1ポイントの床の位置ごとに割り当てたランダム値

0b1010_1101	1	1	0b1111_0001
0b0110_0100	1	1	0b0110_0111

● 2ポイントの床の位置ごとに割り当てたランダム値

0b1001_1101	2	2	0b1011_0011
0b0011_0101	2	2	0b1110_1111

これで下準備は完了です。

以下のような盤面のハッシュ値を求めることを考えます。

●ハッシュ値を求めたい盤面

Zobrist hashingによるハッシュ値は、0b0000_0000に各要素に割り当てたランダム値全てをXOR (排他的論理和) することで求めます。この場合、以下の2つのランダム値を0b 0000_0000にXORします。

- (0,0)にキャラクターがいる: 0b1110_1011
- (1,1)に1ポイントがある: 0b0110_0111

式で表すと、以下のように、この盤面のハッシュ値0b1000_1100が求められます。

$$hash = 0b0000\_0000 \oplus 0b1110\_1011 \oplus 0b0110\_0111$$
$$= 0b1000\_1100$$

※⊕はXORを表す記号

さて、ゲームが進行した時のハッシュ計算を考えます。キャラクターが右に1歩移動しました。

●キャラクターを右に進めた盤面

状況を整理するとこの状態です。

- (0,1)にキャラクターがいる: 0b1010_1010
- (1,1)に1ポイントがある: 0b0110_0111

先ほどと同じように計算すれば、この盤面のハッシュ値0b1100_1101が求められます。です

が、ゲーム状況の更新時には**この方法は使いません**。

$$hash = 0\mathrm{b}0000\_0000 \oplus 0\mathrm{b}1010\_1010 \oplus 0\mathrm{b}0110\_0111$$
$$= 0\mathrm{b}1100\_1101$$

　ゲーム状況が更新された時は、更新前の盤面のハッシュ値を元に差分だけを更新することで、高速に新しいハッシュ値を計算できます。

　XORには、どんなビット列についても自分同士をXORすると0になるという性質があります。たとえば、xというビット列の場合、$x \oplus x = 0$となります。これを利用し、元のハッシュ値と、$(0,0)$にキャラクターがいることを表す値$0\mathrm{b}1110\_1011$のXORをとることで、元のハッシュからキャラクターの座標情報を消すことができます。

　その後、$(0,1)$にキャラクターがいることを表す値$0\mathrm{b}1010\_1010$をXORすることで、キャラクターの座標を新しいものに更新した状態のハッシュ値が計算できます。

● 盤面更新とハッシュの更新

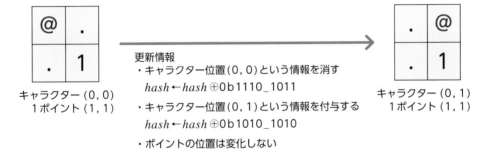

　元のハッシュ値$0\mathrm{b}1000\_1100$から新しいハッシュに更新される様子を、順を追って確認しましょう。

　まず、キャラクター位置情報を消すため、$0\mathrm{b}1110\_1011$をXORします。すると、結果は$0\mathrm{b}0110\_0111$となりました。これは、「$(1,1)$に1ポイントがある」を表す値と一致します。

$$hash = 0\mathrm{b}1000\_1100 \oplus 0\mathrm{b}1110\_1011$$
$$= 0\mathrm{b}0110\_0111$$

　次ページの式では、新しいキャラクター位置情報を追加するため、$0\mathrm{b}1010\_1010$をXORします。すると、結果は$0\mathrm{b}1100\_1101$となりました。これは、更新情報を使わずに一から計算したハッシュ値と一致します。

$$hash = 0b1010\_1010 \oplus 0b0110\_0111$$
$$= 0b1100\_1101$$

　上の説明では 2×2 の盤面を使ったため、更新情報の差分だけ XOR することによる高速化の恩恵が見えにくいかもしれません。しかし、更新差分を利用しない場合、高さ H、幅 W の大きさ H × W の盤面では、約 H × W 回の XOR をしなければハッシュ値を計算できません。一方で、更新差分を利用する場合、キャラクターの情報の移動に 2 回、ポイントを消す場合は＋ 1 回で最大 3 回の演算のみでハッシュ値を計算できます。

　探索の精度には速度が大きく影響するため、高速な更新差分を利用する方法を取り入れましょう。

盤面を構成する要素ごとのランダム値を設定する

　それでは実装に戻ります。まず、盤面を構成する要素ごとのランダム値を設定します（**コード 7.3.2**）。

　5 行目では床のポイントの座標ごとにランダム値を持つための、6 行目ではキャラクターの座標ごとの配列を用意します。「ポイントの値が value の床が、座標(y,x)にある状態」を points[y][x][value]、「キャラクターが、座標(y,x)にいる状態」を character[y][x] で表すことにします。

　ポイントは 9 種類なので、ポイントの値を添え字にする部分のサイズは 9 で充分ですが、実装上簡単のためにサイズを 1 大きくします。12 行目でも、同様の理由でループの変数を 1 から 10 で行います。

コード 7.3.2　Zobrist hashing の準備の実装（03_ZobristHash.cpp）

```
01: namespace zobrist_hash
02: {
03:     std::mt19937 mt_init_hash(0);
04:     // 壁の場所は固定なのでhash管理しない
05:     uint64_t points[H][W][9 + 1] = {}; // 数字そのままで入れられるように1足す
06:     uint64_t character[H][W] = {};
07:     void init()
08:     {
09:         for (int y = 0; y < H; y++)
10:             for (int x = 0; x < W; x++)
11:             {
12:                 for (int p = 1; p < 9 + 1; p++)
13:                 {
14:                     points[y][x][p] = mt_init_hash();
15:                 }
16:                 character[y][x] = mt_init_hash();
17:             }
18:     }
19:
20: }
```

ゲーム開始時にハッシュ値を計算する

　ゲームが始まったタイミングでのハッシュ値を計算する関数init_hashを実装します（**コード 7.3.3**）。更新時ではないので、盤面全体を確認してキャラクターとポイントと座標に対応する ランダム値とハッシュのXORをとります。

コード7.3.3　初回のハッシュ値計算の実装(03_ZobristHash.cpp)

```
01: class WallMazeState
02: {
03: // ~略~
04: private:
05:     void init_hash()
06:     {
07:         hash_ = 0;
08:         hash_ ^= zobrist_hash::character[character_.y_][character_.x_];
09:         for (int y = 0; y < H; y++)
10:             for (int x = 0; x < W; x++)
11:             {
12:                 auto point = points_[y][x];
13:                 if (point > 0)
14:                 {
15:                     hash_ ^= zobrist_hash::points[y][x][point];
16:                 }
17:             }
18:     }
19:
20: public:
21:     uint64_t hash_ = 0;                  // 同一盤面判定に使うハッシュ
22:
23:     WallMazeState(const int seed)
24:     {
25:         // ~略~
26:         this->init_hash();
27:     }
28: };
```

ゲーム更新時にハッシュ値を更新する

　次に、ゲーム更新時にハッシュを更新する実装をします（**コード7.3.4**）。

　8，13行目ではキャラクターの位置情報をハッシュに反映します。コード自体は全く同じです が、9〜10行目でキャラクターの位置が移動するので、移動前はハッシュからの削除、移動後はハッ シュへの追加の処理になります。17行目では、ポイントがなくなったことをハッシュに反映しま す。踏んだ床にポイントがある場合以外は更新の必要がないため、ポイントがある場合のみ、こ の処理をします。

コード7.3.4　ハッシュの更新の実装(03_ZobristHash.cpp)

```
01: class WallMazeState
02: {
03: // ~略~
04: public:
05:     void advance(const int action)
06:     {
07:         // 現在のキャラクター位置情報を削除
08:         hash_ ^= zobrist_hash::character[character_.y_][character_.x_];
09:         this->character_.x_ += dx[action];
10:         this->character_.y_ += dy[action];
11:         auto &point = this->points_[this->character_.y_][this->character_.x_];
12:         // 移動先のキャラクター位置情報を追加
13:         hash_ ^= zobrist_hash::character[character_.y_][character_.x_];
14:         if (point > 0)
15:         {
16:             // ポイントがなくなったことをハッシュに反映
17:             hash_ ^= zobrist_hash::points[character_.y_][character_.x_][point];
18:             this->game_score_ += point;
19:             point = 0;
20:         }
21:         this->turn_++;
22:     }
23: };
```

同一盤面を除去してビームサーチを実行する

　それでは同一盤面除去ありでの実験をしてみましょう (**コード7.3.5**、**コマンド7.3.1**)。3行目のように、最初に1回だけハッシュ用のランダム値の初期化を行います。

コード7.3.5　ハッシュ初期化の呼び出し(03_ZobristHash.cpp)

```
01: int main()
02: {
03:     zobrist_hash::init(); // 必ず最初に呼び出す。
04:     int beamwidth = 100;
05:     int beamdepth = END_TURN;
06:     const auto &ai = StringAIPair("beamSearchAction", [&](const State &state)
07:                             { return beamSearchAction(state, beamwidth, beamdepth); });
08:     testAiScore(ai, /*ゲーム回数*/ 100);
09:     return 0;
10: }
```

コマンド7.3.1　同一盤面除去をしてビームサーチを実行

```
> wsl ↵
$ cd sample_code/07_Advanced/ ↵
$ g++ -O3 -std=c++17 -o 03_ZobristHash 03_ZobristHash.cpp ↵
$ ./03_ZobristHash ↵
```

　実行結果は**図7.3.1**のように、135.98となります。同一盤面除去をせずに実験した時の平均スコアは132.75だったので、スコアが改善されたことがわかります。

図7.3.1　同一盤面除去をしてビームサーチした結果

```
Score of beamSearchAction:        135.98
```

7.4

高速化

7.4.1 複数のビット列で盤面を表現

　探索を利用する多くの場面では、計算時間が限られています。同じ計算時間なら、各種計算処理が高速であるほど多くの探索ができ、精度が高くなります。そのため、本節では高速化のテクニックを紹介します。

　ここまで、盤面評価に使うポイントへの距離計算に幅優先探索を用いていました。この処理は、盤面を**ビットボード**という表現に直すことで高速化可能です。

　ビットボードでは、1つの変数を2進数のビット列とみなし、配列のように情報を扱います。0か1でしか情報を持てないので、今回は以下の役割ごとにビットボードを分け、対象がその位置に「存在する」なら1を、「存在しない」なら0を割り当てます。

- キャラクター
- ポイント
- 壁

　まずは簡単のため、高さ1の盤面をビットボードで表現することを考えます。この場合、キャラクターからポイントまでの距離は2です。

● 高さ1の盤面をビットボードで表す

3	#	@	.	8

元の盤面

0b00100	0b10001	0b01000
キャラクター 位置	ポイント 位置	壁位置

　ビット列は、右シフトにより全ビットを右に、左シフトにより全ビットを左にずらせます。この性質を利用してキャラクターの移動を表現します。

　キャラクター位置のビット列と、その右シフト、左シフトのOR（論理和）をとることで、キャ

ラクターが1歩以内に行ける範囲を示せます。

● キャラクターの移動範囲を計算する

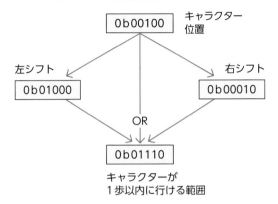

ここに、壁の反転ビットのAND (論理積) をとることで、壁に侵入できないルールを考慮しながらキャラクターが行ける範囲を計算できます。

● 壁の衝突判定をしながらキャラクターの移動範囲を計算する

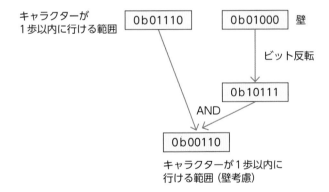

キャラクターが行ける範囲とポイントのANDをとると、キャラクターが取得可能なポイントがわかります。以下の場合、1となるビットがないため、1歩ではポイントに到達できないことを示します (次ページの図「1歩以内に到達できるポイントを計算する」を参照)。

● 1歩以内に到達できるポイントを計算する

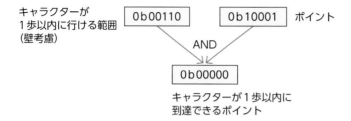

ここまでの手順を1セットとし、同様の手順を繰り返します。

● キャラクターが2歩以内に行ける範囲の計算

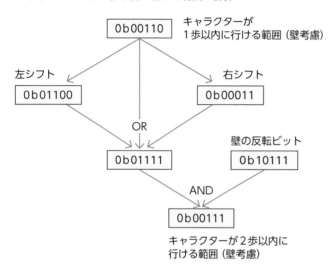

2歩以内に行ける範囲とポイントのANDをとると、1となるビットがありました。つまり、求めたかった値、キャラクターから最も近いポイントへの歩数は2だとわかりました。

● 2歩以内に到達できるポイントを計算する

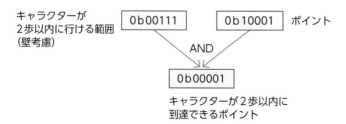

さて、ここまで高さ1の盤面で説明をしましたが、高さ2以上の盤面ではどうでしょうか。高さ4、幅5の盤面をビットボードで表してみましょう。

1行あたり1つのビット列で表せるので、高さの数、4つのビット列があれば盤面全体を表現できます。

● 高さのある盤面をビットボードで表す

元の盤面

キャラクター　　　　ポイント　　　　　壁位置
位置　　　　　　　　位置

高さの概念が加わっても、「キャラクターの移動範囲の拡張」→「壁への衝突部分の除去」→「ポイント到達の確認」の3処理を繰り返すことに変わりありません。しかし、複数のビット列で表現する都合、上下方向の移動はシフト演算では表現できません。

そこで、高さをHとして、H-1回のループで現在の盤面をずらしてORをとることで上下移動を表現します。実装時、上移動では上から順に、下移動では下から順にずらすことで、余計な更新分はずらさずに反映できます（図中の①、②、③の順）。

● 上下移動

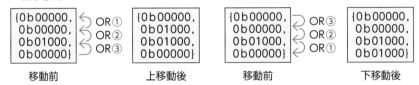

移動前　　　　　　上移動後　　　　　移動前　　　　　下移動後

7.4.2 複数のビット列で盤面を表現する実装

高速化前の処理時間を計測する

今回の目的は速度改善のため、高速化前にどの程度の処理時間がかかるか計測しておきます（コード7.4.1、コマンド7.4.1）。

　複数種類のゲーム盤面について、探索の処理時間を計測します。この時、コンストラクタ呼び出しなどの探索と関係ない部分は計測からはずします。1回の探索処理だけで計測すると時間が短すぎるため、1つの盤面を複数回同じ処理をして計測します。

コード7.4.1　探索の処理時間を計算(04_TestSpeed.cpp)

```
01: // game_number種類のゲーム盤面について
02: // per_game_number回の処理を行うのに必要な平均時間(ms)を計測して表示する。
03: void testAiSpeed(
04:     const StringAIPair &ai,
05:     const int game_number,
06:     const int per_game_number)
07: {
08:     using std::cout;
09:     using std::endl;
10:     using std::chrono::duration_cast;
11:     using std::chrono::milliseconds;
12:     std::mt19937 mt_for_construct(0);
13:     std::chrono::high_resolution_clock::time_point diff_sum;
14:     for (int i = 0; i < game_number; i++)
15:     {
16:         auto state = State(mt_for_construct());
17:         auto start_time = std::chrono::high_resolution_clock::now();
18:         for (int j = 0; j < per_game_number; j++)
19:         {
20:             ai.second(state);
21:         }
22:         auto diff = std::chrono::high_resolution_clock::now() - start_time;
23:         diff_sum += diff;
24:     }
25:     double time_mean =
26:       duration_cast<milliseconds>(diff_sum.time_since_epoch()).count()
27:       / (double)(game_number);
28:     cout << "Time of " << ai.first << ":\t" << time_mean << "ms" << endl;
29: }
30:
31: int main()
32: {
33:     zobrist_hash::init(); // 必ず最初に呼び出す。
34:     int beamwidth = 100;
35:     int beamdepth = END_TURN;
36:     const auto &ai = StringAIPair("beamSearchAction", [&](const State &state)
37:                             { return beamSearchAction(state, beamwidth, beamdepth); });
38:     testAiScore(ai, /*ゲーム回数*/ 100);
39:     testAiSpeed(ai, /*ゲーム回数*/ 100, 10);
40:     return 0;
41: }
```

コマンド 7.4.1　高速化なしで処理時間を計測

```
> wsl ⏎
$ cd sample_code/07_Advanced/ ⏎
$ g++ -O3 -std=c++17 -o 04_TestSpeed 04_TestSpeed.cpp ⏎
$ ./04_TestSpeed ⏎
```

　実行結果は**図7.4.1**のようになります。今回の高速化では探索の内容は変えずに計算時間のみを短くすることを考えるため、高速化後にスコア135.98のまま、処理時間が41.6msより短くできるか確認します。

図7.4.1　高速化なしの計測結果

```
Score of beamSearchAction:        135.98
Time of beamSearchAction:         41.6ms
```

ビット演算を実装する

　それではビット演算の実装をします（**コード7.4.2**）。

　C++の場合、std::bitset<W>とすればサイズWのビット列を表現できます。std::bitsetの内部はuint64_tで実装されているため、他の言語を利用する際は符号なしの64bit整数型変数を使えばよいです。

　まずは指定した座標(y,x)に対し、ビットの有無の確認、ビットを立てる、ビットを消すメソッドを実装します。

コード7.4.2　H個のビット列の配列で2次元配列を表現する実装（05_MultiBitSet.cpp）

```
01: #include <bitset>
02: namespace multi_bitset
03: {
04:     // H個のサイズWのbitsetでH*Wの二次元配列を表現する
05:     class Mat
06:     {
07:     private:
08:         // コピー演算しうる固定長配列はstd::arrayにする
09:         std::array<std::bitset<W>, H> bits_ = std::array<std::bitset<W>, H>();
10:     public:
11:         Mat(){};
12:         Mat(const std::array<std::bitset<W>, H> &mat) : bits_(mat){};
13:
14:         // 指定位置にbitがあるか
15:         bool get(int y, int x) const
16:         {
17:             return bits_[y][x];
18:         }
19:
20:         // 指定位置にbitをたてる
21:         void set(int y, int x)
```

次ページへ続く

```
22:        {
23:            bits_[y].set(x);
24:        }
25:        // 指定位置のbitを消す
26:        void del(int y, int x)
27:        {
28:            bits_[y].reset(x);
29:        }
30:    };
31: }
```

上下左右の移動を実装する

上、下、左、右へ1歩進むまでの移動可能範囲にビットを立てたビットボードを返すメソッド、up_mat, down_mat, left_mat, right_matを実装します（**コード7.4.3**）。先述の通り、up_mat, down_matはループでずらして実装、left_mat, right_matは1行ずつのシフトを全行に適用する実装をします。

コード7.4.3　上下左右の移動を実装する(05_MultiBitSet.cpp)

```
01: namespace multi_bitset
02: {
03:     // H個のサイズWのbitsetでH*Wの二次元配列を表現する
04:     class Mat
05:     {
06:     private:
07:         Mat up_mat() const
08:         {
09:             Mat ret_mat = *this;
10:             for (int y = 0; y < H - 1; y++)
11:             {
12:                 ret_mat.bits_[y] |= ret_mat.bits_[y + 1];
13:             }
14:             return ret_mat;
15:         }
16:         Mat down_mat() const
17:         {
18:             Mat ret_mat = *this;
19:             for (int y = H - 1; y >= 1; y--)
20:             {
21:                 ret_mat.bits_[y] |= ret_mat.bits_[y - 1];
22:             }
23:             return ret_mat;
24:         }
25:         Mat left_mat() const
26:         {
27:             Mat ret_mat = *this;
28:             for (int y = 0; y < H; y++)
29:             {
30:                 ret_mat.bits_[y] >>= 1;
```

次ページへ続く

```
31:                    }
32:                    return ret_mat;
33:              }
34:          Mat right_mat() const
35:          {
36:                Mat ret_mat = *this;
37:                for (int y = 0; y < H; y++)
38:                {
39:                      ret_mat.bits_[y] <<= 1;
40:                }
41:                return ret_mat;
42:          }
43:      };
44: }
```

距離計算に必要なビット演算を実装する

　距離計算に必要なビット演算を実装します（**コード 7.4.4**）。AND 演算や OR 演算といった一般的な演算の単位で実装せず、a&=~bのように複数の演算をまとめて必要な単位で実装し、効率化します。

コード 7.4.4　距離計算に必要なビット演算を実装する(05_MultiBitSet.cpp)

```
01: namespace multi_bitset
02: {
03:      class Mat
04:      {
05:          // 全bitを4方向に広げる
06:          void expand()
07:          {
08:              Mat up = up_mat();
09:              Mat down = down_mat();
10:              Mat left = left_mat();
11:              Mat right = right_mat();
12:              for (int y = 0; y < H; y++)
13:              {
14:                    this->bits_[y] |= up.bits_[y];
15:                    this->bits_[y] |= down.bits_[y];
16:                    this->bits_[y] |= left.bits_[y];
17:                    this->bits_[y] |= right.bits_[y];
18:              }
19:          }
20:
21:          // *this&=~mat  // not演算と分けると効率が悪いので1演算にする
22:          void andeq_not(const Mat &mat)
23:          {
24:              for (int y = 0; y < H; y++)
25:              {
26:                    this->bits_[y] &= ~mat.bits_[y];
27:              }
28:          }
29:
30:          // *this == mat
```

次ページへ続く

```
31:        bool is_equal(const Mat &mat) const
32:        {
33:            for (int y = 0; y < H; y++)
34:            {
35:                if (this->bits_[y] != mat.bits_[y])
36:                    return false;
37:            }
38:            return true;
39:        }
40:        // *thisとmatで重複して立っているbitが1つでもあるか
41:        bool is_any_equal(const Mat &mat) const
42:        {
43:            for (int y = 0; y < H; y++)
44:            {
45:                if ((this->bits_[y] & mat.bits_[y]).any())
46:                    return true;
47:            }
48:            return false;
49:        }
50:    };
51: }
```

探索用のクラスを実装する

今回、探索の高速化のためにクラス構造を変えますが、探索以外の処理を同条件で比較したいです。実装済みのWallMazeStateクラスとは別に、探索用クラスMazeStateByBitSetを実装します（**コード7.4.5**）。

MazeStateByBitSetからデータを参照する必要があるため、3〜7行目のように、WallMazeStateの一部メンバ変数をpublicに変更しておきます。

実験環境を平等にするため、乱数を使ったコンストラクタはWallMazeStateに任せ、MazeStateByBitSetのコンストラクタは初期化済みのWallMazeStateからコピーする形で実装します。

床のポイントは9種類あり、ビット列で表現するには情報量として多いです。そのため、14, 15行目のように、2次元配列とビット列で別々に保持します。

コード7.4.5　2次元配列をMatに置き換えたクラスの実装(05_MultiBitSet.cpp)

```
01: class WallMazeState
02: {
03: public:
04:     // MazeStateByBitSetから参照できるようにpublic にする
05:     int points_[H][W] = {};
06:     int turn_ = 0;
07:     int walls_[H][W] = {};
08: };
09:
10: using multi_bitset::Mat;
11: class MazeStateByBitSet
```

次ページへ続く

```
12: {
13: private:
14:     int points_[H][W] = {};         // 床のポイントを1~9で表現する
15:     Mat whole_point_mat_ = Mat();   // 床のポイントがある場所を1で表現する
16:     Mat walls_ = Mat();             // 壁がある場所を1で表現する
17:     Coord character_ = Coord();
18: public:
19:     MazeStateByBitSet() {}
20:
21:     // h*wの迷路を生成する。
22:     MazeStateByBitSet(const WallMazeState &state) :
23:      turn_(state.turn_),
24:      character_(state.character_.y_, state.character_.x_),
25:      game_score_(state.game_score_)
26:     {
27:         for (int y = 0; y < H; y++)
28:             for (int x = 0; x < W; x++)
29:             {
30:                 if (state.walls_[y][x])
31:                 {
32:                     this->walls_.set(y, x);
33:                 }
34:                 if (state.points_[y][x])
35:                 {
36:                     this->points_[y][x] = state.points_[y][x];
37:                     this->whole_point_mat_.set(y, x);
38:                 }
39:             }
40:         init_hash();
41:     }
42: };
```

ビット演算による距離計算を実装する

最も近いポイントのある床までの距離を計算するメソッドをビット演算で実装します（**コード 7.4.6**）。

コード7.4.6　ビット演算による距離計算の実装(05_MultiBitSet.cpp)

```
01: class WallMazeState
02: {
03: private:
04:     // bit演算により、最も近いポイントのある床までの距離を計算する。
05:     int getDistanceToNearestPoint()
06:     {
07:
08:         auto now = Mat();
09:         now.set(this->character_.y_, this->character_.x_);
10:         for (int depth = 0;; ++depth)
11:         {
12:             if (now.is_any_equal(this->whole_point_mat_)) // ポイントに触れているか確認
```

次ページへ続く

```
13:              {
14:                  return depth;
15:              }
16:
17:              auto next = now;
18:              next.expand();                    // 移動範囲を1歩進める
19:              next.andeq_not(this->walls_);     // 壁との衝突判定を除去する
20:              if (next.is_equal(now))           // 移動範囲が変わらなければ終了
21:              {
22:                  break;
23:              }
24:              now = next;
25:          }
26:
27:          return H * W;
28:      }
29: };
```

複数のビット列による高速化を実行する

スコアと実行速度のテストコードを修正します (**コード7.4.7**)。

MazeStateByBitSet は WallMazeState を引数にコンストラクタを呼び出し、データをコピーします。15行目のように、実行速度の計算にはコンストラクタの処理を含めないよう、先にMazeStateByBitSet にしておきます。

コード7.4.7　テストコードの修正(05_MultiBitSet.cpp)

```
01: void testAiScore(const StringAIPair &ai, const int game_number)
02: {
03:     // ~略~
04:              state.advance(ai.second(MazeStateByBitSet(state)));
05:     // ~略~
06: }
07:
08: void testAiSpeed(
09:     const StringAIPair &ai,
10:     const int game_number,
11:     const int per_game_number)
12: {
13:     // ~略~
14:         auto state = State(mt_for_construct());
15:         auto state_bit = MazeStateByBitSet(state);
16:         auto start_time = std::chrono::high_resolution_clock::now();
17:         for (int j = 0; j < per_game_number; j++)
18:         {
19:             ai.second(state_bit);
20:         }
21:         auto diff = std::chrono::high_resolution_clock::now() - start_time;
22:     // ~略~
23: }
```

それでは実行してみましょう（**コマンド7.4.2**）。

コマンド7.4.2　複数のビット列による高速化を実行

```
> wsl ⏎
$ cd sample_code/07_Advanced/ ⏎
$ g++ -O3 -std=c++17 -o 05_MultiBitSet 05_MultiBitSet.cpp ⏎
$ ./05_MultiBitSet ⏎
```

実行結果は**図7.4.2**のようになります。スコアは高速化前と同じ135.98のまま、処理時間が25.5msとなりました。高速化前は41.6msだったため、大幅に高速化できました。

図7.4.2　複数のビット列による高速化の計測結果

```
Score of beamSearchAction:       135.98
Time of beamSearchAction:        25.5ms
```

7.4.3 単一のビット列で盤面を表現

さて、簡単のために複数のビット列で盤面を表現する説明をしましたが、これを単一のビット列で表すことで、さらなる高速化が期待できます。

幅Wの盤面の場合、Wビットごとに区切って行を表現します。以下の図はわかりやすいようにWビットごとに改行して表示していますが、これを1つの変数で表現します。

●盤面を単一のビット列で表す

複数のビット列を使った時は上下移動をループで表現していましたが、単一のビット列を使う場合は、Wビットずらすことで上下移動を表現できます。たとえば幅5の盤面の場合は5ビットずらせばよいです。

　1歩以内に行ける範囲は、以下のように1ビット左シフト、1ビット右シフト、5ビット左シフト、5ビット右シフトと自身のORで計算できそうです。

●キャラクターの移動範囲を単一のビット列で計算する

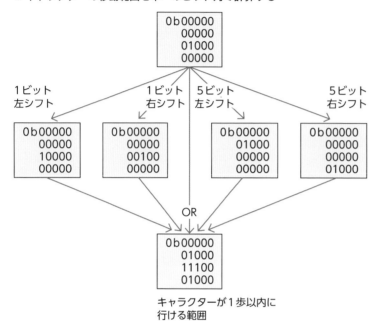

キャラクターが1歩以内に
行ける範囲

　実はこの手順では正しくキャラクターの移動を計算できません。
　たとえば、ここからさらに1ビット左シフトしてみましょう。左端に立てられたビットがずれることで、上の行の右端にビットが立ってしまいました。

●1ビット左シフトで別行にビットが反映される例

　そもそも、盤面の左端からは左に移動できません。左シフトで知りたいのは左に移動した先の場所なので、今回の演算に左端のビットは不要です。
　そこで、盤面の左端を表すビットが0、それ以外を1にしたビットボードを用意し、元の盤面とのANDをとります。これで左端のビットはなくなるため、左シフトしても他の行にはみ出なくなります。

このように、複数のビットをまとめてオン（またはオフ）にする目的で利用されるビット列を**ビットマスク**（マスクビットとも）と呼びます。

● ビットマスクではみ出しを回避

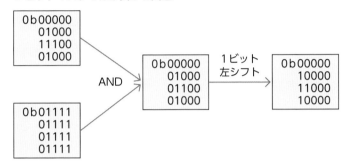

右移動についても、単に1ビット右シフトするだけでは下の行にはみ出てしまいます。盤面の右端を表すビットを0、それ以外を1にしたビットマスクを利用し、左移動と同様の処理をすればよいです。

● 右移動用のビットマスク

7.4.4 単一のビット列で盤面を表現する実装

単一のビット列で盤面を表現する場合のビット演算の実装をします（**コード7.4.8**）。

上下移動については、12行目、18行目のように、シフトするビット数をWにします。左右移動については、24行目、30行目のように、マスクをかけた上で1ビットシフトします。いずれについても、H個のビット列で盤面表現した場合はH回のループ処理をしていた部分がなくなるため、高速化が期待できます。

get, set, del, expand, andeq_not, is_equal, is_any_equal も修正が必要ですが、詳しくはサンプルコードをご確認ください。

コード7.4.8 　単一のビット列によるビット演算の実装 (06_SingleBitSet.cpp)

```
01: namespace single_bitset
02: {
03:     // 1個のbitsetでH*Wの二次元配列を表現する
```

次ページへ続く

```
04:     class Mat
05:     {
06:     private:
07:         std::bitset<H *W> bits_ = std::bitset<H * W>();
08:
09:         Mat up_mat() const
10:         {
11:             Mat ret_mat = *this;
12:             ret_mat.bits_ >>= W;
13:             return ret_mat;
14:         }
15:         Mat down_mat() const
16:         {
17:             Mat ret_mat = *this;
18:             ret_mat.bits_ <<= W;
19:             return ret_mat;
20:         }
21:         Mat left_mat() const
22:         {
23:             Mat ret_mat = *this;
24:             ret_mat.bits_ |= (ret_mat.bits_ & left_mask) >> 1;
25:             return ret_mat;
26:         }
27:         Mat right_mat() const
28:         {
29:             Mat ret_mat = *this;
30:             ret_mat.bits_ |= (ret_mat.bits_ & right_mask) << 1;
31:             return ret_mat;
32:         }
33:     };
34: }
35: using single_bitset::Mat;
```

ビットマスクを事前計算する

　left_mat と right_mat で使うマスク、left_mask と right_mask は事前に計算してグローバル領域に格納しておきます（**コード7.4.9**）。

　方法はいくつかありますが、今回はビットをオフにしたい部分を先にビットをオンにし、ビット反転する方針にしています。事前計算はそこまで処理時間が重要ではないため、自分がわかりやすい実装をすればよいです。

コード7.4.9　ビットマスクの計算（06_SingleBitSet.cpp）

```
01: namespace single_bitset
02: {
03:     std::bitset<H * W> initLeftMask()
04:     {
05:         std::bitset<H *W> mask = std::bitset<H * W>();
06:         for (int y = 0; y < H; ++y)
```

次ページへ続く

```
07:            {
08:                mask |= (std::bitset<H * W>(1) << (y * W));
09:            }
10:            mask = ~mask;
11:            return mask;
12:        }
13:        std::bitset<H * W> initRightMask()
14:        {
15:            std::bitset<H *W> mask = std::bitset<H * W>();
16:            for (int y = 0; y < H; ++y)
17:            {
18:                mask |= (std::bitset<H * W>(1) << (y * W + W - 1));
19:            }
20:            mask = ~mask;
21:            return mask;
22:        }
23:
24:        std::bitset<H *W> left_mask = initLeftMask();
25:        std::bitset<H *W> right_mask = initRightMask();
26: }
```

　ビットボードで盤面を表現するクラス、Matの実装が終われば、壁有り数字集め迷路のクラス本体は特に変更しなくてよいです。

単一のビット列による高速化を実行する

　それでは実行してみましょう（**コマンド7.4.3**）。

コマンド7.4.3　単一のビット列による高速化を実行

```
> wsl ↵
$ cd sample_code/07_Advanced/ ↵
$ g++ -O3 -std=c++17 -o 06_SingleBitSet 06_SingleBitSet.cpp ↵
$ ./06_SingleBitSet ↵
```

　実行結果は**図7.4.3**のようになります。スコアは高速化前と同じ135.98のまま、処理時間が22.37msとなりました。複数のビット列を用いた場合は25.5msだったため、処理時間が改善されたことがわかります。

図7.4.3　単一のビット列による高速化の計測結果

```
Score of beamSearchAction:        135.98
Time of beamSearchAction:         22.37ms
```

7.4.5　コピー回数の抑制

　ここまで、ビームサーチは優先度付きキューで実装してきました。優先度付きキューに直接クラスをpushすると、比較演算の結果に応じてオブジェクトのコピーが複数回発生します。

　たとえば、ランダムな整数のみを持つ簡単なクラスを100回pushする実験をしてみます（**コード7.4.10**、**コマンド7.4.4**）。10〜14行目は演算子オーバーロードと呼ばれ、自作クラスに対する演算子の処理内容を指定できます。ここでは、コピー演算が呼ばれた回数を記録する処理を記述します。

　main関数内ではランダムな値で初期化したStateクラスをpriority_queueに100回pushし、最後にコピー演算が呼ばれた回数を出力します。

コード7.4.10　オブジェクトコピーの回数を計測する（07_CopyCount.cpp）

```cpp
01: int operator_count = 0;
02:
03: class State
04: {
05:
06: public:
07:     int value_;
08:
09:     State(const int value = 0) : value_(value) {}
10:     void operator=(const State &state)
11:     {
12:         this->value_ = state.value_;
13:         ++operator_count; // グローバル領域にコピー演算が呼ばれた回数を記録する。
14:     }
15: };
16: bool operator<(const State &state1, const State &state2)
17: {
18:     return state1.value_ < state2.value_;
19: }
20: int main()
21: {
22:     using std::cout;
23:     using std ::endl;
24:     std::mt19937 mt(0);
25:     std::priority_queue<State> queue;
26:     for (int i = 0; i < 100; i++)
27:     {
28:         queue.push(State(mt() % 100));
29:     }
30:     cout << "operator is called " << operator_count << " times" << endl;
31:     return 0;
32: }
```

コマンド7.4.4　コピー演算が呼ばれた回数を計測

```
> wsl ⏎
$ cd sample_code/07_Advanced/ ⏎
$ g++ -O3 -std=c++17 -o 07_CopyCount 07_CopyCount.cpp ⏎
$ ./07_CopyCount ⏎
```

　100回のpushに対し、コピー演算が203回呼ばれました（**図7.4.4**）。優先度付きキューを利用するにあたって、コピー演算の回数が無視できない回数だと言えます。

図7.4.4　コピー演算が呼ばれた回数の計測結果

```
operator is called 203 times
```

　コピー演算はオブジェクトのサイズが大きいほど処理時間が長くなります。MazeStateByBitSetの場合、合計で252バイト（byte）近いサイズとなるため、コピー演算にかかる処理時間も無視できません（**表7.4.1**）。

表7.4.1　MazeStateByBitSetのサイズ目安

メンバ変数の型	1変数あたりのサイズ目安	個数
int[H][W]	4 × 7 × 7=196	1
Mat, Coord, ScoreType, uint64_t	8	5
int	4	4
合計	252 ※ここにパディングという処理が入り、 処理系によって264などになる	—

　そこで、優先度付きキューに格納する対象をオブジェクト自体ではなく、オブジェクトへのポインタにすることで、コピー演算を高速化できます。C++の場合、64ビットOSにおけるポインタは8バイトで、コピー演算もかなり速いです。

●オブジェクトのポインタと本体のサイズ

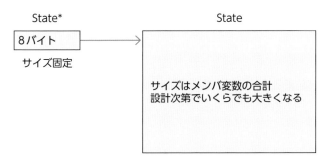

7

State型のオブジェクトへのポインタを持つクラス、StatePtrの設計を考えます。

StatePtrはコピーコストがなるべく減るよう、ポインタ以外のメンバ変数を持たせません。Stateクラスには、自身を参照するStatePtrが何個あるかをカウントする変数ref_count_を追加します。

● 参照カウント方式でオブジェクトを参照

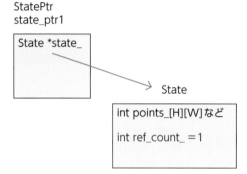

参照元のStatePtr型のオブジェクトをコピーします。この時、実際にコピーされるのはポインタのみで、State型のサイズによらず一定のコストでコピーできます。参照先となっているState型のオブジェクトでは、参照元が増えたことをref_count_に記録します。

● 参照カウント方式で参照元をコピー

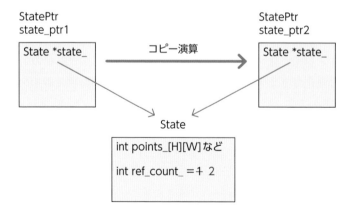

参照元のStatePtr型のオブジェクトを破棄します。参照先となっているState型のオブジェクトでは、参照元が減ったことをref_count_に記録します。

● 参照カウント方式で参照元を破棄

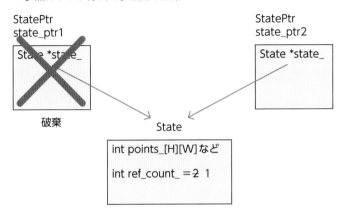

参照元のStatePtr型のオブジェクトをもう一度破棄します。参照元が全てなくなったので、参照先となっているState型のオブジェクトも破棄します。ここではState型のサイズに応じた破棄コストがかかりますが、それまでに参照元がどれだけ増えていたとしても、State型オブジェクトの破棄は1回だけで済む点にメリットがあります。

● 参照元がなくなったら参照先を破棄

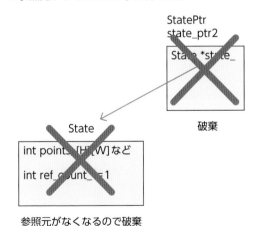

このように、参照元の数を記録しながらメモリ管理する方式を**参照カウント方式**と呼びます。

7.4.6 参照カウント方式によるコピー回数抑制の実装

まずは参照先となるクラスに参照カウントの処理を追加します（**コード7.4.11**）。参照カウン

トをデクリメントするreleaseでは、参照カウントが1の時に自身を破棄します。

コード7.4.11　参照先クラスのカウンタ実装(08_ReferenceCount.cpp)

```
01: class MazeStateByBitSet
02: {
03: private:
04:     int ref_count_ = 0; // 参照カウンタ
05: public:
06:     // 参照カウントを初期化する
07:     void init()
08:     {
09:         ref_count_ = 1;
10:     }
11:     // 参照カウントをインクリメントする
12:     void addRef()
13:     {
14:         ++ref_count_;
15:     }
16:     // 参照カウントをデクリメントする。参照がなくなったら破棄する
17:     void release()
18:     {
19:         if (ref_count_ == 1)
20:         {
21:             delete (this);
22:         }
23:         else
24:         {
25:             --ref_count_;
26:         }
27:     }
28: };
29: using State = MazeStateByBitSet;
```

参照元クラスを実装する

　Stateクラスを参照するクラスStatePtrを実装します (**コード7.4.12**)。

　StatePtr(const State &state)は最初にState型オブジェクトを参照する際のコンストラクタなのでinitを、StatePtr(const StatePtr &state_ptr)は引数のStatePtrがすでに参照済みのオブジェクトがあるはずなので、addRefを呼びます。

　operator=(const StatePtr &state_ptr) は StatePtr(const StatePtr &state_ptr)と使い道が同じように見えますが、operator=の場合は自身がすでに参照しているオブジェクトの参照カウントをはずすことを忘れないようにしましょう。

コード7.4.12　参照元クラスの実装(08_ReferenceCount.cpp)

```
01: class StatePtr
02: {
03: public:
```

次ページへ続く

```
04:     State *state;
05:     StatePtr(const State &state)
06:     {
07:         this->state = new State();
08:         *this->state = state;
09:         this->state->init();
10:     }
11:     StatePtr(const StatePtr &state_ptr)
12:     {
13:         this->state = state_ptr.state;
14:         this->state->addRef();
15:     }
16:     void operator=(const StatePtr &state_ptr)
17:     {
18:         this->state->release();
19:         this->state = state_ptr.state;
20:         this->state->addRef();
21:     }
22:     ~StatePtr()
23:     {
24:         this->state->release();
25:     }
26: };
27: bool operator<(const StatePtr &state_ptr1, const StatePtr &state_ptr2)
28: {
29:     return (*state_ptr1.state) < (*state_ptr2.state);
30: }
```

ビームサーチを参照カウント方式に対応させる

ビームサーチをStatePtrに対応させます（**コード7.4.13**）。

行の色を変えた部分が今までのビームサーチからの変更点です。6行目、31行目ではpushではなくemplaceを使用することで、State型のオブジェクトを引数に直接構築します。

コード7.4.13　ビームサーチを参照カウント方式に対応させる(08_ReferenceCount.cpp)

```
01: int beamSearchAction(const State &state, const int beam_width, const int beam_depth)
02: {
03:     std::priority_queue<StatePtr> now_beam;
04:     State best_state;
05:
06:     now_beam.emplace(state);
07:     auto hash_check = std::unordered_set<uint64_t>();
08:
09:     for (int t = 0; t < beam_depth; t++)
10:     {
11:         std::priority_queue<StatePtr> next_beam;
12:         for (int i = 0; i < beam_width; i++)
13:         {
14:             if (now_beam.empty())
15:                 break;
16:             State now_state = *now_beam.top().state;
```

次ページへ続く

```
17:            now_beam.pop();
18:            auto legal_actions = now_state.legalActions();
19:            for (const auto &action : legal_actions)
20:            {
21:                State next_state = now_state;
22:                next_state.advance(action);
23:                if (t >= 1 && hash_check.count(next_state.hash_) > 0)
24:                {
25:                    continue;
26:                }
27:                hash_check.emplace(next_state.hash_);
28:                next_state.evaluateScore();
29:                if (t == 0)
30:                    next_state.first_action_ = action;
31:                next_beam.emplace(next_state);
32:            }
33:        }
34:
35:        now_beam = next_beam;
36:        best_state = *now_beam.top().state;
37:
38:        if (best_state.isDone())
39:        {
40:            break;
41:        }
42:    }
43:    return best_state.first_action_;
44: }
```

参照カウント方式による高速化を実行する

それでは実行してみましょう（**コマンド7.4.5**）。

コマンド7.4.5　参照カウント方式による高速化の実行

```
> wsl ⏎
$ cd sample_code/07_Advanced/ ⏎
$ g++ -O3 -std=c++17 -o 08_ReferenceCount 08_ReferenceCount.cpp ⏎
$ ./08_ReferenceCount ⏎
```

実行結果は**図7.4.5**のようになります。

スコアは高速化前と同じ135.98のまま、処理時間が$15.42\,\mathrm{ms}$となりました。コピー回数の抑制をしない場合は$22.37\,\mathrm{ms}$だったため、処理時間が改善されたことがわかります。

図7.4.5　参照カウント方式による高速化の計測結果

```
Score of beamSearchAction:      135.98
Time of beamSearchAction:       15.42ms
```

第 **8** 章

実際のゲームへの応用

ここまで、本書オリジナルゲームである数字集め迷路を拡張しながらアルゴリズムの説明をしてきました。本章では、実際に存在するゲームに探索アルゴリズムを適用してAIを強くしていく過程を説明します。

コネクトフォーをプレイする AIの実装

8.1.1 コネクトフォーとは

今回はコネクトフォーを紹介します（**表8.1.1**）。

● コネクトフォー

表8.1.1 コネクトフォーのルール

	説明
プレイヤーの目的	自分の駒を縦、横、斜めのいずれかの方向に4つ揃える。勝敗がつかないまま両者が置けるマスがなくなったら引き分け。
プレイヤーの人数	二人
プレイヤーの着手タイミング	対戦相手と交互
プレイヤーができること	自分に手番がまわるたび、自分の駒を置く。駒は一番上まで埋まっていない好きな列に置くことができる。駒は選んだ列で埋まっていないマスの一番下に配置される。
ゲームの終了条件	どちらかが勝利条件を満たすか、駒が置けなくなる。
その他	盤面の大きさは高さ6、幅7

コネクトフォーの盤面例は次の通りです。

● コネクトフォーの盤面例

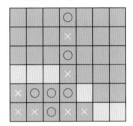

　自分の手番がまわってきたプレイヤーは、7つの列の埋まっていないマスの一番下に駒を置くことができます。駒で埋まっている列には駒を置けません。以下の盤面の場合、ピンクで塗りつぶしたマスが合法手となります。

● 合法手の例

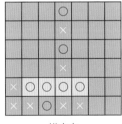

　勝利条件は、横、縦、斜めのいずれかの方向に自分の駒を4つ連続して置くことです。

● 勝利パターン

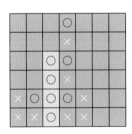
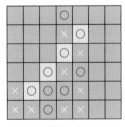

横方向　　　　　　　　縦方向　　　　　　　　斜め方向

8.1.2 コネクトフォーの実装

　本書で紹介したサンプルコードは、第3章〜第6章のサンプルコードの[どのゲームでも実装する]とコメントのついたメソッドを実装したStateクラスを実装すれば、探索部分の実装を変更することなく探索アルゴリズムを適用できます（第7章のような応用テクニックを使用する場合は探索部分にも手を加えます）。

　コネクトフォーは手番が交互にまわる二人ゲームのため、第5章のアルゴリズムが有効です。今回はMCTSを適用することを考えます。

基本メソッドを実装する

　基本のメソッドを実装します（**コード8.1.1**）。

　コネクトフォーでは初期盤面にランダム性がないため、コンストラクタにseedを引数としてとりません。isDoneとgetWinningStatusは、winning_status_で判断します。winning_status_の更新は後述のadvanceで処理します。

　盤面は自分の駒が置かれているか否か、相手の駒が置かれているか否かを1と0で表すmy_board_とenemy_board_で表します。縦方向は高さを表すため、0が最も低い位置、H‑1が最も高い位置を表します。数字集め迷路とは逆方向である点に注意してください。

　legalActionsは、全ての列について上から順に駒の有無を確認し、空いているマスがあることが確認できたら列を合法手に追加します。各列の駒は下から順に埋まっているはずなので、空いているマスを探したい時は上から順に確認することで少し高速になります。実際にはもう少し高速化する余地がありますが、ここでは動けばよいので割愛します。

コード8.1.1　**コネクトフォーの基本メソッドの実装(00_ConnectFour.cpp)**

```
01: constexpr const int H = 6; // 迷路の高さ
02: constexpr const int W = 7; // 迷路の幅
03:
04: class ConnectFourState
05: {
06: private:
07:     bool is_first_ = true; // 先手番であるか
08:     int my_board_[H][W] = {};
09:     int enemy_board_[H][W] = {};
10:     WinningStatus winning_status_ = WinningStatus::NONE;
11:
12: public:
13:     ConnectFourState()
14:     {
15:     }
16:
17:     // [どのゲームでも実装する] : ゲームが終了したか判定する
18:     bool isDone() const
19:     {
20:         return winning_status_ != WinningStatus::NONE;
21:     }
22:
23:     // [どのゲームでも実装する] : 勝敗情報を取得する
24:     WinningStatus getWinningStatus() const
25:     {
26:         return this->winning_status_;
27:     }
```

次ページへ続く

```
28:
29:     // [どのゲームでも実装する] : 現在のプレイヤーが可能な行動を全て取得する
30:     std::vector<int> legalActions() const
31:     {
32:         std::vector<int> actions;
33:         for (int x = 0; x < W; x++)
34:             for (int y = H - 1; y >= 0; y--)
35:             {
36:                 if (my_board_[y][x] == 0 && enemy_board_[y][x] == 0)
37:                 {
38:                     actions.emplace_back(x);
39:                     break;
40:                 }
41:             }
42:         return actions;
43:     }
44: };
```

プレイヤーの行動を反映するメソッドを実装する

プレイヤーの行動を反映させるメソッドadvanceを実装します。分量が多いため、1メソッドを分割して説明します（**コード8.1.2**）。

actionは選択した列のx座標を指定します。まずは、指定された列から配置できる駒のy座標を計算し、配置します。legalActionsの時とは逆に、y座標を0から順に駒のないマスを探します。actionは、legalActionsで選定した合法手を与えれば、駒を置けるマスは確実に存在します。開発時はassertなどで確認をとってもよいでしょう。

コード8.1.2　駒配置の実装(00_ConnectFour.cpp)

```
01: class ConnectFourState
02: {
03: private:
04:     // [どのゲームでも実装する] :
05:     // 指定したactionでゲームを1ターン進め、次のプレイヤー視点の盤面にする
06:     void advance(const int action)
07:     {
08:         std::pair<int, int> coordinate;
09:         for (int y = 0; y < H; y++)
10:         {
11:             if (this->my_board_[y][action] == 0 && this->enemy_board_[y][action] == 0)
12:             {
13:                 this->my_board_[y][action] = 1;
14:                 coordinate = std::pair<int, int>(y, action);
15:                 break;
16:             }
17:         }
18:         // ~略~
19:     }
20: };
```

8

駒を配置したら勝敗判定をし、winning_status_ を更新します。

まずは横方向です（**コード8.1.3**）。定数dxに保持した移動方向のx成分に沿って幅優先探索をし、自分の駒が4つ揃ったかどうか確認します。この時、新しい駒は必ず自分の駒であるため、相手の駒の連結を確認する必要はありません。

コード8.1.3　横方向の連結判定の実装（00_ConnectFour.cpp）

```
01: class ConnectFourState
02: {
03: private:
04:     static constexpr const int dx[2] = {1, -1};           // 移動方向のx成分
05:
06:     // ［どのゲームでも実装する］：
07:     // 指定したactionでゲームを1ターン進め、次のプレイヤー視点の盤面にする
08:     void advance(const int action)
09:     {
10:         // ~略~
11:         { // 横方向の連結判定
12:
13:             auto que = std::deque<std::pair<int, int>>();
14:             que.emplace_back(coordinate);
15:             std::vector<std::vector<bool>> check(H, std::vector<bool>(W, false));
16:             int count = 0;
17:             while (!que.empty())
18:             {
19:                 const auto &tmp_cod = que.front();
20:                 que.pop_front();
21:                 ++count;
22:                 if (count >= 4)
23:                 {
24:                     // 自分の駒が揃ったら相手視点負け
25:                     this->winning_status_ = WinningStatus::LOSE;
26:                     break;
27:                 }
28:                 check[tmp_cod.first][tmp_cod.second] = true;
29:
30:                 for (int action = 0; action < 2; action++)
31:                 {
32:                     int ty = tmp_cod.first;
33:                     int tx = tmp_cod.second + dx[action];
34:
35:                     if (ty >= 0 && ty < H && tx >= 0 && tx < W
36:                         && my_board_[ty][tx] == 1 && !check[ty][tx])
37:                     {
38:                         que.emplace_back(ty, tx);
39:                     }
40:                 }
41:             }
42:         }
43:         // ~略~
44:     }
```

次ページへ続く

```
45:
46: };
```

斜め方向の連結判定も、横方向と同様に幅優先探索で計算します（**コード8.1.4**）。

コード8.1.4　斜め方向の連結判定の実装（00_ConnectFour.cpp）

```
01: class ConnectFourState
02: {
03: private:
04:     static constexpr const int dy_right_up[2] = {1, -1}; // "/"方向のx成分
05:     static constexpr const int dy_leftt_up[2] = {-1, 1}; // "\"方向のx成分
06:     void advance(const int action)
07:     {
08:         // ~略~
09:         if (!isDone())
10:         { // "/"方向の連結判定
11:             // ~略~
12:                     int ty = tmp_cod.first + dy_right_up[action];
13:                     int tx = tmp_cod.second + dx[action];
14:             // ~略~
15:         }
16:
17:         if (!isDone())
18:         { // "\"方向の連結判定
19:             // ~略~
20:                     int ty = tmp_cod.first + dy_leftt_up[action];
21:                     int tx = tmp_cod.second + dx[action];
22:             // ~略~
23:         }
24:         // ~略~
25:     }
26: };
```

縦方向の連結判定をする時、新しく置いた駒より上に駒は絶対にありません。そこで、キューへの出し入れなどのオーバーヘッドがかかる幅優先探索ではなく、単純なループで連結判定をします（**コード8.1.5**）。32～37行目では、視点を相手に変更し、引き分けの判定をします。

勝ちでも負けでもなく、合法手がない場合は盤面が埋まっていることになるため、引き分けとなります。

コード8.1.5　縦方向の連結判定と引き分け判定の実装（00_ConnectFour.cpp）

```
01: class ConnectFourState
02: {
03: private:
04:     void advance(const int action)
05:     {
06:         // ~略~
07:         if (!isDone())
08:         { // 縦方向の連結判定
```

次ページへ続く

```
09:
10:            int ty = coordinate.first;
11:            int tx = coordinate.second;
12:            bool is_win = true;
13:            for (int i = 0; i < 4; i++)
14:            {
15:                bool is_mine =
16:                  (ty >= 0 && ty < H && tx >= 0 && tx < W && my_board_[ty][tx] == 1);
17:
18:                if (!is_mine)
19:                {
20:                    is_win = false;
21:                    break;
22:                }
23:                --ty;
24:            }
25:            if (is_win)
26:            {
27:                // 自分の駒が揃ったら相手視点負け
28:                this->winning_status_ = WinningStatus::LOSE;
29:            }
30:        }
31:
32:        std::swap(my_board_, enemy_board_);
33:        is_first_ = !is_first_;
34:        if (this->winning_status_ == WinningStatus::NONE && legalActions().size() == 0)
35:        {
36:            this->winning_status_ = WinningStatus::DRAW;
37:        }
38:    }
39: };
```

盤面を出力する

盤面を標準出力します（コード8.1.6）。

advanceで視点変更しているので、「現在の手番が先手番か後手番か」「駒の種類が自分のものか相手のものか」の組み合わせで出力する対象を変えます。先手番の駒を'x'、後手番の駒を'o'と表示する場合、現在の手番が先手の時の自分の駒は'x'、逆に現在の手番が後手の時の自分の駒は'o'となります（表8.1.2）。

表8.1.2 手番と駒、出力の対応

		現在の手番	
		先手	後手
駒の種類	自分の駒	×	○
	相手の駒	○	×

コード8.1.6　コネクトフォーの出力の実装(00_ConnectFour.cpp)

```cpp
01: class ConnectFourState
02: {
03:     // ［実装しなくてもよいが実装すると便利］：現在のゲーム状況を文字列にする
04:     std::string toString() const
05:     {
06:         std::stringstream ss("");
07:         ss << "is_first:\t" << this->is_first_ << "\n";
08:         for (int y = H - 1; y >= 0; y--)
09:         {
10:             for (int x = 0; x < W; x++)
11:             {
12:                 char c = '.';
13:                 if (my_board_[y][x] == 1)
14:                 {
15:                     c = (is_first_ ? 'x' : 'o');
16:                 }
17:                 else if (enemy_board_[y][x] == 1)
18:                 {
19:                     c = (is_first_ ? 'o' : 'x');
20:                 }
21:                 ss << c;
22:             }
23:             ss << "\n";
24:         }
25:
26:         return ss.str();
27:     }
28: };
```

ランダム行動で実行する

それでは実行してみましょう(**コード8.1.7**、**コマンド8.1.1**)。playGameの実装は第3章のものと大きな差はないため、省略します。

コード8.1.7　コネクトフォーのプレイ実装(00_ConnectFour.cpp)

```cpp
01: int main()
02: {
03:     playGame();
04:
05:     return 0;
06: }
```

コマンド8.1.1　ランダム行動でプレイ

```
> wsl ⏎
$ cs sample_code/08_Actual/ ⏎
$ g++ -O3 -std=c++17 -o 00_ConnectFour 00_ConnectFour.cpp ⏎
$ ./00_ConnectFour ⏎
```

8

実行結果は**図8.1.1**のようになります。

図8.1.1　ランダム行動のプレイ結果

```
is_first:      1                           2p --------------------------------
.......                                     action 3
.......                                     is_first:      1
.......                                     ..o....
.......                                     ..o.x..
.......                                     ..xox..
.......                                     ..xxo.x
                                           oxooxoo
1p -------------------------------          xxooxox
action 4
is_first:      0                           winner: 2p
.......
.......
.......
.......
.......
....x..

2p -------------------------------
action 3
is_first:      1
.......
.......
.......
.......
.......
...ox..

~略~
```

コネクトフォーにMCTSを適用する

　ここまで確認できたら、第3章のMCTSのコードをそのまま適用可能です（**コード8.1.8**、**コマンド8.1.2**）。強さを確認してみましょう。

コード8.1.8　コネクトフォーにおけるMCTSの強さ測定（01_MCTS.cpp）

```
01: int main()
02: {
03:     auto ais = std::array<StringAIPair, 2>{
04:         StringAIPair("mctsActionWithTimeThreshold 1ms", [](const State &state)
05:                     { return mctsActionWithTimeThreshold(state, 1); }),
06:         StringAIPair("randomAction", [](const State &state)
07:                     { return randomAction(state); }),
08:     };
09:     testFirstPlayerWinRate(ais, 100);
```

次ページへ続く

```
10:
11:    return 0;
12: }
```

コマンド8.1.2　MCTSとランダム行動の対戦を実行

```
> wsl ⏎
$ cd sample_code/08_Actual/ ⏎
$ g++ -O3 -std=c++17 -o 01_MCTS 01_MCTS.cpp ⏎
$ ./01_MCTS ⏎
```

　実行結果は**図8.1.2**のようになります。第3章と同じ構造のクラスを実装しただけで、探索部の追加実装なしでMCTSを適用できたことがわかります。

図8.1.2　MCTS vs ランダム行動のプレイ結果

```
Winning rate of mctsActionWithTimeThreshold 1ms to randomAction:      0.985
```

8.1.3 盤面のビットボード化による高速化

　第7章では、よりよい探索をするためのテクニックをいくつか紹介してきました。その中でも高速化は、どの探索アルゴリズムに対しても効果を期待できる汎用的なテクニックです。今回はコネクトフォーの盤面をビットボード化して高速化しましょう。

ビットボードを準備する

　まず、コネクトフォーの盤面は高さ6×幅7ですが、後で計算しやすいように高さ方向に余剰ビットを持たせた、以下のようなビットボードを考えます。

● ビットボードのビットと盤面の対応

6	13	20	27	34	41	48	55
5	12	19	26	33	40	47	54
4	11	18	25	32	39	46	53
3	10	17	24	31	38	45	52
2	9	16	23	30	37	44	51
1	8	15	22	29	36	43	50
0	7	14	21	28	35	42	49

余剰ビット（54）、盤面用ビット（1）

　盤面は、自分の駒があるか否かを表すビットボードと、自分か相手のいずれかがあるか否かを表すビットボードの2つで全情報を表すことが可能です。

● 自分の駒と全ての駒のビットボード

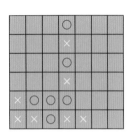

自分の駒　　　　　　　　　　全ての駒

合法手を確認する

　合法手を確認します。

　盤面の全ての底にビットを立たせたビットボードを、全ての駒のボードに加算すると、各列の頂点の1つ上にだけビットが立った状態になります。ここで立ったビットは、各列に次に駒を置ける場所と同値です。3列目 (0-index) のように枠外にはみ出す場合は、その列に置けないということです。

● 各列で次に駒を置ける箇所

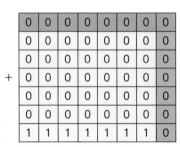

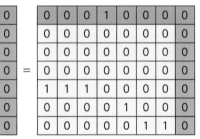

全ての駒　　　　　盤面の全ての底にビットを立たせた　　　各列で次に駒を置ける場所
ビットボード

　確認したい列のゲームで使う範囲をビットで埋めたボードと AND (論理積) をとると、もし合法手の列だった場合はどこかにビットが残り、合法手でない列だった場合はビットが残りません。0列目が合法手かどうか確認する場合、0列目 (0-index) を埋めたビットと AND をとります。この場合、ビットが残るため、0列目は合法手となります。

　3列目 (0-index) を埋めたビットと AND をとった場合はビットが残らないため、3列目に駒を置く行為は合法手ではないことがわかります。この処理を0〜6列全てに対して行うことで、全ての合法手を取り出せます。

● 合法手の確認（0列目）

0	0	0	1	0	0	0	0
0	0	0	0	0	0	0	0
0	0	0	0	0	0	0	0
0	0	0	0	0	0	0	0
1	1	1	0	0	0	0	0
0	0	0	0	1	0	0	0
0	0	0	0	0	1	1	0

各列で次に駒を置ける場所

AND

0	0	0	0	0	0	0	0
1	0	0	0	0	0	0	0
1	0	0	0	0	0	0	0
1	0	0	0	0	0	0	0
1	0	0	0	0	0	0	0
1	0	0	0	0	0	0	0
1	0	0	0	0	0	0	0

確認したい列（0列目）を埋めたビット

=

0	0	0	0	0	0	0	0
0	0	0	0	0	0	0	0
0	0	0	0	0	0	0	0
0	0	0	0	0	0	0	0
1	0	0	0	0	0	0	0
0	0	0	0	0	0	0	0
0	0	0	0	0	0	0	0

0ではないため、合法手

● 合法手の確認（3列目）

0	0	0	1	0	0	0	0
0	0	0	0	0	0	0	0
0	0	0	0	0	0	0	0
0	0	0	0	0	0	0	0
1	1	1	0	0	0	0	0
0	0	0	0	1	0	0	0
0	0	0	0	0	1	1	0

各列で次に駒を置ける場所

AND

0	0	0	0	0	0	0	0
0	0	0	1	0	0	0	0
0	0	0	1	0	0	0	0
0	0	0	1	0	0	0	0
0	0	0	1	0	0	0	0
0	0	0	1	0	0	0	0
0	0	0	1	0	0	0	0

確認したい列（3列目）を埋めたビット

=

0	0	0	0	0	0	0	0
0	0	0	0	0	0	0	0
0	0	0	0	0	0	0	0
0	0	0	0	0	0	0	0
0	0	0	0	0	0	0	0
0	0	0	0	0	0	0	0
0	0	0	0	0	0	0	0

0であるため、合法手ではない

8

相手の駒を確認する

　先ほど、コネクトフォーの盤面は「自分の駒」と「全ての駒」の2種類のビットボードで表せると説明しました。相手の駒は、自分の駒と全ての駒のXOR (排他的論理和) をとることで計算できます。

● 相手の駒

0	0	0	0	0	0	0	0
0	0	0	1	0	0	0	0
0	0	0	0	0	0	0	0
0	0	0	1	0	0	0	0
0	0	0	0	0	0	0	0
0	1	1	1	0	0	0	0
0	0	1	0	0	0	0	0

自分の駒

XOR

0	0	0	0	0	0	0	0
0	0	0	1	0	0	0	0
0	0	0	1	0	0	0	0
0	0	0	1	0	0	0	0
0	0	0	1	0	0	0	0
1	1	1	1	0	0	0	0
1	1	1	1	1	0	0	0

全ての駒

=

0	0	0	0	0	0	0	0
0	0	0	0	0	0	0	0
0	0	0	1	0	0	0	0
0	0	0	0	0	0	0	0
0	0	0	1	0	0	0	0
1	0	0	0	0	0	0	0
1	1	0	1	1	0	0	0

相手の駒

駒を置いた時にビットボードを更新する

　駒を置いた時の更新を考えます。

　たとえばx列目 (0-index) に自分が駒を置くことを考えます。この時、全ての駒に1<<(x*7)を加算すると、x列目は新しい駒だけビットが立った状態になります。ここに元々の全ての駒とOR (論理和) をとることで、x列目に駒が置かれた後の全ての駒が計算できます。

　次ページの図では、4列目 (0-index) に駒を置く時の更新の流れを示しています。

● 4列目の新しい駒の位置を計算する

0	0	0	0	0	0	0	0
0	0	0	1	0	0	0	0
0	0	0	1	0	0	0	0
0	0	0	1	0	0	0	0
0	0	0	1	0	0	0	0
1	1	1	1	0	0	0	0
1	1	1	1	1	0	0	0

全ての駒

$+$

0	0	0	0	0	0	0	0
0	0	0	0	0	0	0	0
0	0	0	0	0	0	0	0
0	0	0	0	0	0	0	0
0	0	0	0	0	0	0	0
0	0	0	0	0	0	0	0
0	0	0	0	1	0	0	0

1<<(4*7)

$=$

0	0	0	0	0	0	0	0
0	0	0	1	0	0	0	0
0	0	0	1	0	0	0	0
0	0	0	1	0	0	0	0
0	0	0	1	0	0	0	0
1	1	1	1	1	0	0	0
1	1	1	1	0	0	0	0

4列目は新しい駒のみ

● 4列目の新しい駒の位置を反映する

0	0	0	0	0	0	0	0
0	0	0	1	0	0	0	0
0	0	0	1	0	0	0	0
0	0	0	1	0	0	0	0
0	0	0	1	0	0	0	0
1	1	1	1	1	0	0	0
1	1	1	1	0	0	0	0

4列目は新しい駒のみ

OR

0	0	0	0	0	0	0	0
0	0	0	1	0	0	0	0
0	0	0	1	0	0	0	0
0	0	0	1	0	0	0	0
0	0	0	1	0	0	0	0
1	1	1	1	0	0	0	0
1	1	1	1	1	0	0	0

全ての駒

$=$

0	0	0	0	0	0	0	0
0	0	0	1	0	0	0	0
0	0	0	1	0	0	0	0
0	0	0	1	0	0	0	0
0	0	0	1	0	0	0	0
1	1	1	1	1	0	0	0
1	1	1	1	1	0	0	0

更新後の全ての駒

　全ての駒を更新したら、あらかじめ計算しておいた相手の駒ともう一度XORをとることで、更新後の自分の駒が計算できます。

● 更新後の自分の駒

0	0	0	0	0	0	0	0
0	0	0	0	0	0	0	0
0	0	1	0	0	0	0	0
0	0	0	0	0	0	0	0
0	0	0	1	0	0	0	0
1	0	0	0	0	0	0	0
1	1	0	1	1	0	0	0

相手の駒

XOR

0	0	0	0	0	0	0	0
0	0	0	1	0	0	0	0
0	0	0	1	0	0	0	0
0	0	0	1	0	0	0	0
0	0	0	1	0	0	0	0
1	1	1	1	1	0	0	0
1	1	1	1	1	0	0	0

更新後の全ての駒

=

0	0	0	0	0	0	0	0
0	0	0	1	0	0	0	0
0	0	0	0	0	0	0	0
0	0	0	1	0	0	0	0
0	0	0	0	0	0	0	0
0	1	1	1	1	0	0	0
0	0	1	0	0	0	0	0

更新後の自分の駒

勝敗判定を行う

　駒を置いたら、勝敗判定をします。4個の駒が連続しているか判定するために、まずは2個の駒が連続しているか判定します。

　駒のビットボードを7右シフトすると、盤面上は左に1ずれたものができます。これと自分の駒のANDをとると、自身を含めて右方向に2個つながった駒の位置がわかります（次ページの図「横に2個つながった駒」参照）。

● 横に2個つながった駒

自分の駒　　　　　　　AND　　　　　自分の駒>>7

横に2個つながった駒

　この横方向に2個つながった駒のビットボードの各ビットが持つ情報は以下のようになります。各ビットは、自身とその右隣のビットが立っていることを示します。

● 各ビットが持つ情報

横に2個つながった駒

黄色のビットが持つ情報　　　　　　　　赤のビットが持つ情報

　前ページの図「各ビットが持つ情報」で、黄色のビットと赤のビットが同時に存在する時、4つの駒が横に連続していることがわかります。

　これは、横方向に2個つながった駒のビットボードに対し、立っているビットの「右方向距離2の位置」にビットが立っているか調べればよいです。ビットボードを14右シフトすると、盤面は左に2ずれます。これと元のビットボードのANDをとると、自身の2つ右にビットが立っているビットの位置がわかります。

　このビットボードの中に1つでもビットが立っていれば、駒が横に4連続していることがわかり、自身の勝利です。

● 横に4個つながった駒

横に2個つながった駒　　AND　　横に2個つながった駒 >> 14

横に4個つながった駒

　右下方向の連結判定も同様です。2つつながっているかどうかは、左上に1ずらすために右6シフトを利用します（次ページの図「右下方向に2個つながった駒」参照）。

● 右下方向に2個つながった駒

0	0	0	0	0	0	0	0
0	0	0	0	0	0	0	0
1	0	0	0	0	0	0	0
0	1	0	0	1	0	0	0
0	0	1	0	1	0	0	0
0	1	1	1	0	0	0	0
0	0	1	0	0	0	0	0

自分の駒

AND

0	0	0	0	0	0	0	0
0	0	0	0	0	0	0	0
1	0	0	1	0	0	0	0
0	1	0	1	0	0	0	0
1	1	1	0	0	0	0	0
0	1	0	0	0	0	0	0
0	0	0	0	0	0	0	0

自分の駒 >> 6

=

0	0	0	0	0	0	0	0
0	0	0	0	0	0	0	0
1	0	0	0	0	0	0	0
0	1	0	0	0	0	0	0
0	0	1	0	0	0	0	0
0	1	0	0	0	0	0	0
0	0	0	0	0	0	0	0

右下に2個つながった駒

右下方向に距離2の位置にビットが立っているかは、左上に2ずらすために右12シフトを利用します。

● 右下方向に4個つながった駒

0	0	0	0	0	0	0	0
0	0	0	0	0	0	0	0
1	0	0	0	0	0	0	0
0	1	0	0	0	0	0	0
0	0	1	0	0	0	0	0
0	1	0	0	0	0	0	0
0	0	0	0	0	0	0	0

右下に2個つながった駒

AND

0	0	0	0	0	0	0	0
0	0	0	0	0	0	0	0
1	0	0	0	0	0	0	0
0	0	0	0	0	0	0	0
0	0	0	0	0	0	0	0
0	0	0	0	0	0	0	0
0	0	0	0	0	0	0	0

自分の駒 >> 12

=

0	0	0	0	0	0	0	0
0	0	0	0	0	0	0	0
1	0	0	0	0	0	0	0
0	0	0	0	0	0	0	0
0	0	0	0	0	0	0	0
0	0	0	0	0	0	0	0
0	0	0	0	0	0	0	0

右下に4個つながった駒

8

右上方向に2つつながっているかどうかは、左下に1ずらすために右8シフトを利用します。

● 右上方向に2個つながった駒

0	0	0	0	0	0	0	0
0	0	0	1	0	0	0	0
0	0	0	0	1	0	0	0
0	0	0	1	0	0	0	0
0	0	1	0	1	0	0	0
0	1	1	1	0	0	0	0
0	0	1	0	1	0	0	0

自分の駒

AND

0	0	0	0	0	0	0	0
0	0	0	1	0	0	0	0
0	0	1	0	0	0	0	0
0	0	0	1	0	0	0	0
0	0	1	0	0	0	0	0
0	1	0	1	0	0	0	0
1	1	1	0	0	0	0	0

自分の駒＞＞8

=

0	0	0	0	0	0	0	0
0	0	0	0	0	0	0	0
0	0	0	0	0	0	0	0
0	0	0	1	0	0	0	0
0	0	1	0	0	0	0	0
0	1	0	1	0	0	0	0
0	0	1	0	0	0	0	0

右上に2個つながった駒

　右上方向に距離2の位置にビットが立っているかは、左下に2ずらすために右16シフトを利用します。

● 右上に4個つながった駒

0	0	0	0	0	0	0	0
0	0	0	0	0	0	0	0
0	0	0	0	0	0	0	0
0	0	0	1	0	0	0	0
0	0	1	0	0	0	0	0
0	1	0	1	0	0	0	0
0	0	1	0	0	0	0	0

右上に2個つながった駒

AND

0	0	0	0	0	0	0	0
0	0	0	0	0	0	0	0
0	0	0	0	0	0	0	0
0	0	0	0	0	0	0	0
0	0	0	0	0	0	0	0
0	1	0	0	0	0	0	0
1	0	0	0	0	0	0	0

右上に2個つながった駒＞＞16

=

0	0	0	0	0	0	0	0
0	0	0	0	0	0	0	0
0	0	0	0	0	0	0	0
0	0	0	0	0	0	0	0
0	0	0	0	0	0	0	0
0	1	0	0	0	0	0	0
0	0	0	0	0	0	0	0

右上に4個つながった駒

縦方向に2つつながっているかどうかは、下に1ずらすために右1シフトを利用します。

● 縦に2個つながった駒

0	0	0	0	0	0	0	0
0	0	0	1	0	0	0	0
0	0	0	0	0	0	0	0
0	0	1	1	0	0	0	0
0	0	1	0	0	0	0	0
0	1	1	1	0	0	0	0
0	0	1	0	0	0	0	0

自分の駒

AND

0	0	0	1	0	0	0	0
0	0	0	0	0	0	0	0
0	0	1	1	0	0	0	0
0	0	1	0	0	0	0	0
0	1	1	1	0	0	0	0
0	0	1	0	0	0	0	0
0	0	0	0	0	0	0	0

自分の駒＞＞1

=

0	0	0	0	0	0	0	0
0	0	0	0	0	0	0	0
0	0	0	0	0	0	0	0
0	0	1	0	0	0	0	0
0	0	1	0	0	0	0	0
0	0	1	0	0	0	0	0
0	0	0	0	0	0	0	0

縦に2個つながった駒

縦方向に距離2の位置にビットが立っているかは、下に2ずらすために右2シフトを利用します。

● 縦に4個つながった駒

0	0	0	0	0	0	0	0
0	0	0	0	0	0	0	0
0	0	0	0	0	0	0	0
0	0	1	0	0	0	0	0
0	0	1	0	0	0	0	0
0	0	1	0	0	0	0	0
0	0	0	0	0	0	0	0

縦に2個つながった駒

AND

0	0	0	0	0	0	0	0
0	0	1	0	0	0	0	0
0	0	1	0	0	0	0	0
0	0	1	0	0	0	0	0
0	0	0	0	0	0	0	0
0	0	0	0	0	0	0	0
0	0	0	0	0	0	0	0

縦に2個つながった駒＞＞2

=

0	0	0	0	0	0	0	0
0	0	0	0	0	0	0	0
0	0	0	0	0	0	0	0
0	0	1	0	0	0	0	0
0	0	0	0	0	0	0	0
0	0	0	0	0	0	0	0
0	0	0	0	0	0	0	0

縦に4個つながった駒

勝利判定ができたので、後は引き分け判定をしましょう。コネクトフォーでは勝ちか負け以外の終局時の盤面は盤面が全て埋まっている状態の1種類しかないため、それと完全一致するかどうかを確認するだけでよいです。

● 盤面を埋めたビットボード

0	0	0	0	0	0	0	0
1	1	1	1	1	1	1	0
1	1	1	1	1	1	1	0
1	1	1	1	1	1	1	0
1	1	1	1	1	1	1	0
1	1	1	1	1	1	1	0
1	1	1	1	1	1	1	0

8.1.4 コネクトフォーにビット演算を適用する実装

ビットボード用クラスのコンストラクタを実装する

まずはコネクトフォーのクラスConnectFourStateを引数にとるビットボード用クラスのコンストラクタを実装しましょう（**コード8.1.9**）。

ボードのindex番目のビットを立たせるには、**1ULL << index**とORをとればよいです。y方向に余剰ビットを持たせるため、盤面の(y,x)はビットボード上では**x * (H + 1) + y**番目にビットを立たせます。

コード8.1.9 ビットボードに変換するコンストラクタの実装(02_BitBoard.cpp)

```
01: class ConnectFourStateByBitSet
02: {
03: private:
04:     uint64_t my_board_ = 0ULL;
05:     uint64_t all_board_ = 0uLL;
06:     bool is_first_ = true; // 先手番であるか
07:     WinningStatus winning_status_ = WinningStatus::NONE;
08: public:
09:     ConnectFourStateByBitSet(const ConnectFourState &state) : is_first_(state.is_first_)
10:     {
11:
12:         my_board_ = 0ULL;
13:         all_board_ = 0uLL;
14:         for (int y = 0; y < H; y++)
15:         {
16:             for (int x = 0; x < W; x++)
17:             {
18:                 int index = x * (H + 1) + y;
19:                 if (state.my_board_[y][x] == 1)
```

次ページへ続く

```
20:                {
21:                    this->my_board_  |= 1ULL << index;
22:                }
23:                if (state.my_board_[y][x] == 1 || state.enemy_board_[y][x] == 1)
24:                {
25:                    this->all_board_  |= 1ULL << index;
26:                }
27:            }
28:        }
29:    }
30: };
```

ビット演算で合法手を取得する

ビット演算で合法手を取得する実装をします（**コード8.1.10**）。

7〜9行目の `0b0000001000000100000010000001000000100000010000001ULL` は、全ての
列の底のビットを埋めたビット列です。これと all_board_ を足すことで、全ての列の次に置ける
駒の位置だけにビットが立ちます。

10行目の0b0111111をループしながら17行目のように7ずつずらすことで、各列の合法部分
のみをフィルターできます。filter と possible の ANDに1つでもビットが立っていれば、その列
に置く行為は合法だと判断できます。「1つでもビットが立っている」ことは0でないことと同義
のため、!=0で判定します。

コード8.1.10　ビット演算で合法手を取得する実装(02_BitBoard.cpp)

```
01: class ConnectFourStateByBitSet
02: {
03: public:
04:     std::vector<int> legalActions() const
05:     {
06:         std::vector<int> actions;
07:         uint64_t possible =
08:           this->all_board_
09:           + 0b0000001000000100000010000001000000100000010000001ULL;
10:         uint64_t filter = 0b0111111;
11:         for (int x = 0; x < W; x++)
12:         {
13:             if ((filter & possible) != 0)
14:             {
15:                 actions.emplace_back(x);
16:             }
17:             filter <<= 7;
18:         }
19:         return actions;
20:     }
21: };
```

ビット演算でゲームを更新する

ビット演算でゲームを更新する実装をします（**コード8.1.11**）。

6行目で視点切り替え、8〜10行目で全体ボード更新、13行目で視点をさらに逆にしたボードの勝敗判定をします。勝敗判定をするのに視点を2回切り替えているのは、この順番で処理を行うことで、全体ボードと自分のボードを同時に更新できるという利点があります。

17行目では引き分けかどうかの判定をします。盤面が埋まった状態かどうかはfilledとの比較をすればよいですが、盤面が埋まったタイミングで勝ちか負けになる場合と区別するため、elseで勝敗がついていない時のみ引き分け判定する点に注意してください。

コード8.1.11　ビット演算でゲームを更新する実装(02_BitBoard.cpp)

```
01: class ConnectFourStateByBitSet
02: {
03: public:
04:     void advance(const int action)
05:     {
06:         this->my_board_ ^= this->all_board_; // 敵の視点に切り替える
07:         is_first_ = !is_first_;
08:         uint64_t new_all_board =
09:           this->all_board_ | (this->all_board_ + (1ULL << (action * 7)));
10:         this->all_board_ = new_all_board;
11:         uint64_t filled = 0b0111111011111101111110111111011111101111110111111ULL;
12:
13:         if (isWinner(this->my_board_ ^ this->all_board_))
14:         {
15:             this->winning_status_ = WinningStatus::LOSE;
16:         }
17:         else if (this->all_board_ == filled)
18:         {
19:             this->winning_status_ = WinningStatus::DRAW;
20:         }
21:     }
22: };
```

MCTSの探索部分については、専用の名前空間montecarlo_bitでStateをConnectFourStateByBitSetに置き換えて実装します。細かい修正はあるものの、名前空間montecarloで実装済みのMCTSと比較して大きな違いはないため、説明は省略します。

ビット演算ありとなしで強さを比較する

それでは、ビット演算で高速化した場合とビット演算なしの場合のAIの強さを比較してみましょう（**コード8.1.12**、**コマンド8.1.3**）。

コード8.1.12 ビット演算MCTS vs 通常MCTSのプレイの呼び出し（02_BitBoard.cpp）

```
01: int main()
02: {
03:     using std::cout;
04:     using std::endl;
05:     auto ais = std::array<StringAIPair, 2>{
06:         StringAIPair("mctsActionBitWithTimeThreshold 1ms", [](const State &state)
07:                     { return mctsActionBitWithTimeThreshold(state, 1); }),
08:         StringAIPair("mctsActionWithTimeThreshold 1ms", [](const State &state)
09:                     { return mctsActionWithTimeThreshold(state, 1); }),
10:     };
11:     testFirstPlayerWinRate(ais, 100);
12:
13:     return 0;
14: }
```

コマンド8.1.3 ビット演算MCTSと通常MCTSの対戦

```
> wsl ↵
$ cd sample_code/08_Actual/ ↵
$ g++ -O3 -std=c++17 -o 02_BitBoard 02_BitBoard.cpp ↵
$ ./02_BitBoard ↵
```

　実行結果は**図8.1.3**のようになります。ビット演算で高速化したMCTSは、ビット演算を使わないMCTSに90％の勝率で勝利しました。

図8.1.3 ビット演算MCTS vs 通常MCTSのプレイ結果

```
Winning rate of mctsActionBitWithTimeThreshold 1ms
            to mctsActionWithTimeThreshold 1ms:  0.905
```

8

参考文献

本書は筆者が執筆した以下の記事を加筆・修正し、より教育的な書籍に仕上げました。

- 「世界四連覇AIエンジニアがゼロから教えるゲーム木探索入門」
  https://qiita.com/thun-c/items/058743a25c37c87b8aa4

本書の執筆にあたって参考にした書籍、インターネット上の記事などを以下にまとめます。

1. 『AlphaZero 深層学習・強化学習・探索 人工知能プログラミング実践入門』／布留川 英一 [著] ／佐藤 英一 [編集] ／ISBN：978-4-86246-450-7／ボーンデジタル／2019年
2. 『しっかり学ぶ数理最適化 モデルからアルゴリズムまで』／梅谷俊治 [著] ／ISBN：978-4-06-521270-7／講談社／2020年
3. 「TERRYのブログ」
   https://www.terry-u16.net/
4. 「chokudaiのブログ」
   https://chokudai.hatenablog.com/
5. 「じじいのプログラミング」
   https://shindannin.hatenadiary.com/
6. 「ustimawのブログ」
   https://ustimaw.hatenablog.com/
7. 「Kurasheep『モノ×WEB×暮らし』のゆるブログ」
   https://kurasheep.com/
8. 「gasin's blog」
   https://gasin.hatenadiary.jp/
9. Marc Lanctot, Christopher Wittlinger, Mark H.M. Winands, Niek G.P. Den Teuling (2013) "Monte Carlo Tree Search for Simultaneous Move Games: A Case Study in the Game of Tron"
   https://dke.maastrichtuniversity.nl/m.winands/documents/sm-tron-bnaic2013.pdf
10. 「Algoful」
    https://algoful.com/
11. 「Google C++ Style Guide」
    https://google.github.io/styleguide/cppguide.html
12. 「C++ reference」
    https://en.cppreference.com/w/

おわりに

　最後まで本書を読んでいただき、ありがとうございました。書籍の執筆は初めてで至らない点も多かったかと思いますが、少しでも探索アルゴリズムの面白さを感じていただけていれば幸いです。本書は、筆者がQiitaに投稿した記事「世界四連覇AIエンジニアがゼロから教えるゲーム木探索入門」をベースに加筆・修正したものです。

　筆者は学生時代から数多くのゲームAIコンテストに参加してきましたが、この道に進んだ当初は、探索アルゴリズムを体系的に扱った書籍や記事はありませんでした。当時であっても、囲碁AIからはMCTS、将棋やチェスのAIからはMiniMax法を学ぶことはできたかもしれません。しかしそれ以前に、こうした手法の存在や活用法を知らなければ、「MCTSについて学ぶために囲碁AIの書籍を読む」という発想には至らないのです。

　当時何も知らない状態だった筆者は、コンテストの上位参加者の解法を確認しながら、少しずつ探索アルゴリズムを習得していきました。筆者が最初に参加したコンテストは2013年開催のため、今の実力に至るまで10年の歳月を経た計算です。本書には、筆者の10年分の試行錯誤と情熱を全て詰め込みました。学生時代の筆者のように「何から勉強したらよいかわからない」と苦しんでいる方が、本書によって一人でも救われることを願います。

謝辞

　まず、本書の出版を打診していただいた、技術評論社の鷹見成一郎氏に感謝いたします。「書籍化できたらいいな」という淡い期待の元に執筆したQiita記事を投稿して、1ヵ月も経過せずにお声がけをいただき、心から驚いたのを覚えています。

　また、『問題解決のための「アルゴリズム×数学」が基礎からしっかり身につく本』(技術評論社)の著者として有名な米田優峻氏にも感謝いたします。本書の元のQiita記事を投稿した頃は、ちょうど同書が出版された頃で、筆者自身、技術書を出版することに憧れを抱いたきっかけでもあります。筆者のQiita記事を米田氏から紹介いただいたこともあり、そうした支えがあったからこそ本書の出版に至ったと思っています。

　最後に、本書の執筆にあたり、Git環境の整備や原稿レビューをして支えていただいたお二人に心から感謝します。お二人にいただいたレビューには筆者だけでは気付けないような視点も多く、レビューを通す前と比べて本書が見違えるほどよい本になったと感じています。

- AT274氏
- tek1031氏

2023年1月　青木 栄太

索 引

I N D E X

執筆者プロフィール

青木 栄太 (あおき えいた)

1990年生まれ。2019年2月にHEROZ株式会社に入社後、ゲームAI開発に従事。プログラミングコンテストでは「thunder」として活躍。年に一度開催される国際学会「IEEE Conference on Games」にて開催されるゲームAIコンペティションにて7回優勝。その中でも特に、Fighting Game AI Competitionにて四連覇を達成。Qiitaに本書の前身である「世界四連覇AIエンジニアがゼロから教えるゲーム木探索入門」記事を執筆するなど、探索アルゴリズムの普及活動にも取り組んでいる。

カバーデザイン	トップスタジオデザイン室（轟木亜紀子）
カバー／本文イラスト	イラスト工房
本文デザイン／DTP	株式会社マップス
編集	鷹見 成一郎

ゲームで学ぶ
探索アルゴリズム実践入門（たんさく）（じっせんにゅうもん）
〜木探索とメタヒューリスティクス（きたんさく）

2023年 3月 3日 初版 第1刷 発行
2023年 3月 25日 初版 第2刷 発行

著 者 青木 栄太（あおきえいた）
発行者 片岡 巌
発行所 株式会社技術評論社
　　　　東京都新宿区市谷左内町21-13
　　　　電話　03-3513-6150　販売促進部
　　　　　　　03-3513-6177　雑誌編集部
印刷所 株式会社加藤文明社

ISBN978-4-297-13360-3　C3055
Printed in Japan

■お問い合わせについて

本書に関するご質問については、本書に記載されている内容に関するもののみとさせていただきます。本書の内容と関係のないご質問につきましては、一切お答えできませんので、あらかじめご了承ください。また、電話でのご質問は受け付けておりませんので、FAX、書面、またはサポートページの「お問い合わせ」よりお送りください。

＜問い合わせ先＞
　〒162-0846　東京都新宿区市谷左内町21-13
　株式会社技術評論社　雑誌編集部
　「ゲームで学ぶ探索アルゴリズム実践入門」係
　FAX：03-3513-6173

なお、ご質問の際には、書名と該当ページ、返信先を明記してくださいますよう、お願いいたします。お送りいただいたご質問には、できる限り迅速にお答えできるよう努力いたしておりますが、場合によってはお答えするまでに時間がかかることがあります。また、回答の期日をご指定なさっても、ご希望にお応えできるとは限りません。あらかじめご了承くださいますよう、お願いいたします。

▶**本書サポートページ**
　https://gihyo.jp/book/2023/978-4-297-
　13360-3
本書記載の情報の修正・訂正・補足については、当該Webページで行います。